后浪

猫语

大辞典 新修版

[日] 今泉忠明 编

小岩井 普磊 译

猫語大辞典 决定版

北京联合出版公司
Beijing United Publishing Co.,Ltd.

前 言

猫其实每天都在用猫语跟你说话。

当然，猫语跟人类语言是不一样的。

有时候是动作，有时候是表情神态，

也有时候是突然摆出的一个姿势。

甚至连睡姿，都可以表达情绪。

只要有了读取猫语的能力，

那么猫所表达出来的信息，便能够全部理解了。

一旦能够读懂猫的心情，

就能更好地和猫进行沟通啦。

爱猫所表现出来的不可思议的动作，

无法理解的行动之谜，

就让我们翻开这本《猫语大辞典 新修版》来一一

解开吧。

相信大家一定会有新的发现。

目录

怪异姿态篇 · · · · · · · · ·59

叫声篇 · · · · · · · · · · ·67

所以呢~
那时候啊~
喵喵喵

Q & A
这种叫声表达什么心情？
· · · · · · ·82

动作篇 · · · · · · · · · · ·85

好痒啊

很明显，
一看就明白

这是好心情
的表情

充满爱意的目光

想要玩耍的表情

一起玩

一起玩

用心感受就
能明白

这还用教吗？

真没办法

让我们来教你吧！
猫语可是有很多意思的！

猫到底有没有感情?
又是如何表达感情的?

预备知识篇

猫的基本心理
以"安全"和"危险"为尺度

猫当然是有感情的，但不像人类那般复杂

对于猫来说，它的感情主要是对现在是"安全"还是"危险"的感知。比方说，"心情真不错"（这里是安全的）、"肚子好饿啊"（持续饥饿是危险的）、"那家伙是谁啊？"（我的地盘要是被侵犯就危险了）等。这种感情不会像人类那般复杂。比如，人类之间会关心对方，与他人比较后会产生失落或嫉妒的心情。猫咪最初是独自生活的野生动物，社会生活这种东西是没有的，自然也不会习惯去关心其他猫的事情，或者与其他猫进行比较。只要感觉到现在是安全的，心情自然就会放松愉悦；如果感觉到危险，就会想是要逃还是要战斗。基本上，猫的心情就是这样简单。

能够关心对方，
会同别人攀比，
时常感到失落……
这些复杂的人类感情
都没有。

猫的基本心理

安全

心情真好呀

安全

安心了

危险

要打架吗?!

猫咪当然是有感情的。得到食物或其他让它们感觉到安全的事物都会使之开心，但它们也很害怕危险。为了更准确地了解猫咪的感情，就不能把猫咪当人类一样看待。不懂猫咪的习性就无法理解它们真正的想法。

快帮我!

不妙!

预备知识2

猫的心情模式
反复无常，变来变去

幼猫模式、家长猫模式、野生模式、家猫模式，
4种模式瞬间变换！

猫的性情看上去比较自我、任性，这是因为它们原本就是独居动物，不会去揣测和配合别人的心情。此外，它们的情绪是有转换模式的，家猫主要有四种心情模式。其一是"幼猫模式"，就是向母猫撒娇的幼猫的心情。因为主人一直像母猫般守护着自己，所以即便成年也依然保留着一些幼猫的习性和心情。与此相反的是"家长猫模式"，也就是出于母性（父性）的本能去照顾不是自己孩子的一种模式。另外还有"野生模式"和"家猫模式"。在猫的世界里，各种模式轮流转换，就像有多重人格一般，对猫来说一点都不矛盾，但却让人难以捉摸。没办法，我们只有努力去理解和观察了。

天气及时间段也会影响猫的心情！

天气晴朗的时候，野猫会出来狩猎。到了下雨天，狩猎的效率降低，猫会躲在巢穴里乖乖睡觉，保存体力。如果遇到阴天，猫就会犹豫不决，不知如何是好。现代的猫也保留这种习性，会被天气影响心情。

猫在清早或傍晚出去狩猎，这段时间即使在沙漠地区也很凉爽，且容易捕捉不适应较为昏暗环境的鸟类等。因此，现代的猫在清早及傍晚很活泼。

幼猫 模式

野猫成年之后就不得不独自生活，如果依然保留幼猫的习性则很难生存。家猫因为一直有主人的照顾和关心，即使成年也依然保留着幼猫的习性，撒娇、要赖等都是幼猫模式的行为表现。

野生 模式

一直都悠然自得的猫咪突然之间变了一个人（猫）似的，来回奔跑，或者像看到猎物的猎手一般跳跃、攻击玩具和叼在嘴里啃咬……这些都是野生本能开启的证据，确实能够让人意识到动物本能的厉害之处。

猫的 4 种
心情模式

家猫 模式

野猫会长期处于戒备状态。将肚子完全暴露出来睡觉，这种毫无防备的睡姿是感知到安全环境的家猫才有的行为。而在野外生活时间较长的猫就算变成家猫也不会有丝毫松懈，它们很难拥有像家猫这样毫无防备的状态。

家长猫 模式

因为某种契机而激发出其母性（父性）本能，即使不是自己的孩子，对比自己小的幼猫也会像对自己孩子一般关心照顾。捕获猎物之后会分给小猫，把自己当成母亲（父亲）给小猫喂东西吃，或者教小猫捕猎的方法等。

预备
知识 **3**

猫通过全身表达心情！
● ●

仔细观察猫的全身，综合判断才能正确解读

想要了解猫的心情就得仔细观察，仅凭脸上的表情或叫声是不能准确判断猫的心情的。同样的动作，根据所处状况和场合的不同所表示的意义也不尽相同。所以我们要通过一个一个的细节，综合判断猫的心情。

睡姿

➡前往 P49

猫是很爱睡觉的动物。通过睡姿可以判断它们是在安心地睡觉，还是一边警戒一边休息。脑袋的位置、是否能看到肚子等都是判断的重点。

怪异姿态

➡前往 P59

身体柔软的猫会表现出各种各样的姿态。很多奇怪的姿态都有其特定的意思。

动作 ▸前往 P85

猫的动作多种多样，它们通过不同的动作向外传递不同的信息，其中也包含得了危险疾病的动作。主人提前熟悉这些动作和信息，就可以避免错过治疗猫咪的最佳时期。

喵噢

尾巴

→前往 P41

猫咪的心情看尾巴最一目了了然了。虽然一副扑克脸，但啪嗒啪嗒摆动的尾巴就是内心情绪波动的证据。猫的尾巴是无法掩饰情绪的。

叫声

→前往 P67

猫的叫声有多种模式，即便同样的叫法，随着音调和场合的不同，意思也不尽相同。在什么时候叫，以及叫的频率与平常有多大的差异等也很重要。另外，经常对着主人叫的猫，身上多带有浓重的幼猫习性。

面部表情

→前往 P23

瞳孔的大小、耳朵的朝向、胡子的方向等都是读取表情的重点。表情变化的时候，瞳孔会突然变大，耳朵和胡子也会随之抖动。

姿态

→前往 P37

想表现强势时会把身体伸展开，给对方一种威胁和压迫感。气势弱的时候会把自己缩成一团，看起来很小只。通过这两种基本姿态，向对方传达"我可是很强的哟"或"我很弱，不要欺负我"等信息。

面部表情

姿态

尾巴

睡姿

怪异姿态

叫声

动作

怪异举动Q&A

在情绪表达方面，猫也是有个性的

每只猫都有自己独特的"猫语"，努力听懂自己爱猫的"猫语"吧！

猫固然有共通的表达情绪的方式，但每只猫都有自己的个性。比如说，希望主人逗逗自己、跟自己玩耍的时候，有会对着主人喵喵叫的猫，也有什么都不说，只是一动不动盯着主人的猫，还有蹭主人身体求玩耍的猫，表达方式各有不同。只要你仔细观察，就能明白自家猫咪所特有的情绪表达方式。因为有"做××之前一定会做××"之类的规律，所以仔细研究猫的一些行为之后，我们就可以参考本书的内容来推测猫的心情了。这便是自家猫所特有的"猫语"，加上本书对"猫语"进一步的诠释，你就能完全读懂猫的心情了。

细谷先生家的花太郎如何表达"要拉便便"

花太郎在要拉便便之前，一定会用非常大的声音叫10次左右。"我马上就要去拉便便啦"，这是在向主人传达消息。

Tomo 家的小泰拉如何表达"逗逗我！"

想要和主人玩耍的时候，小泰拉会把额头顶在主人的腿上。每当它这么做，主人就会马上明白它的意图。

努力听懂"猫语"！

表达情绪的方式会有所改变或增加

根据主人的反应，爱猫的"猫语"也会有所增减

举个例子，要是猫一直在对你撒娇，希望你逗逗它，而你又总是爱理不理，它可能就会觉得并不是只要撒撒娇就可以得到满足，从而学会了不再撒娇。相反地，要是偶然的行为变成获得食物等好处的契机，它们便会将那些动作记下来，当作"做了就会发生好事"的标志，开始频繁地使用它们自以为的特殊权限。能记忆并学习特定技能的猫便因此而出现。所以，主人的反应和猫咪对于"好事""坏事"发生契机的判断会影响它们之后的行动。此外，有些猫还会模仿其他猫咪的动作。

天天先生家的小雪如何表达"我要吃饭！"

想吃饭的时候就会对主人伸出爪子，这个动作本来是吃饭前的特技表演，逐渐变成了肚子饿要食物的信号。

中岛家的小芝麻如何表达"来追我"

敲打主人的背部，然后立即逃走。这就是"快来追我呀"的信号。

主人的经验很关键！

尝试写爱猫观察日记

想要掌握爱猫的情绪，只看本书肯定不行，关键在于仔细观察猫的动作等。仔细观察之后，会发现很多意想不到的情况，例如反复做同一个动作，或者在特定情况下必然做某种动作等。遇到这类情况，就可以利用本书的知识进行推测。如果嫌写字麻烦，也可拍照。留下记录，加深印象。此外，如果有社交账号，还能上传照片及记录，让更多人出谋划策。

怎么了？

本以为只有自家猫才会的动作，没想到其他猫也会，或者认为很平常的动作，反而很少看到。

这也是爱猫的珍贵回忆.

可以只保留许多照片！

现在的数码相机能够自动保留拍照日期等信息，非常方便。另外，有的还能保存录像。

推荐写博客！

Goromaru Diary

goromaru diary

开心的时候
生气的时候

面部表情篇

猫咪表情的重点在于它们的耳朵、瞳孔以及胡须

心情不同，瞳孔大小、耳朵朝向、胡须朝向都会有变化！

猫的表情中比较容易看懂的是耳朵。猫耳朵上有30多块肌肉，可以朝各个方向动。一方面能更好地捕捉周围的声响；另一方面，也会根据心情变化而改变耳朵朝向。然后是瞳孔，俗话说，"眼睛比嘴巴更能说话"，虽然不完全对，但眼睛还是能泄露不少猫咪的情绪。猫的瞳孔大小与周遭明暗变化有关。但是，有时即使周遭

明暗没有变化，瞳孔也会随着猫的情绪变化而变化。看着猫咪的眼睛，呼喊它的名字，就能捕捉到瞳孔刹那间的变化。猫咪的胡须其实一直在动。发现感兴趣的事物时，胡须就会前倾；感觉到恐惧时，胡须会往后收缩。掌握这三点（耳朵、瞳孔、胡须），认真观察一下猫咪的表情吧！

 瞳孔

众所周知，猫瞳孔的大小会根据周遭环境的明暗程度而发生相应变化。但根据情绪的不同，瞳孔的大小也是会变的，因为肾上腺素能够对瞳孔的大小产生影响。

 细 ◀◀◀◀◀◀◀◀◀◀◀◀◀▶▶▶▶▶▶▶▶▶ 大

心情差有攻击性

心情不好或想要攻击时，瞳孔会变细，眼神尖锐地盯着对手。实施攻击的瞬间，因为兴奋，瞳孔反而会变大。另外，猫在光线明亮的地方瞳孔也会变细。

平静满足

在安全状态下，瞳孔处于正中。仔细观察会发现瞳孔在反复地放大缩小，这表示它们对当前的状况感到满意。再放松一些，还能看到瞬膜（眼睛内侧的白色眼睑）。

惊讶好奇

当猫感到惊讶、害怕或者好奇时，情绪会变得兴奋，瞳孔就会放大。这是为了睁大眼睛更好地观察。另外，猫在光线昏暗的环境中，为了获取更多光线也会放大瞳孔。

预备知识

面部表情

姿态

尾巴

睡姿

怪异姿态

叫声

动作

怪异举动Q&A

耳朵

猫咪在放松时耳朵一般是前倾的，越是处于被动状态，耳朵就越往后倒。主要是为了避免在遇到危险时自己那重要的耳朵受伤。为了使自己尽量看起来弱小时，耳朵也会倒垂下去。

倒垂 ◀◀◀◀◀◀◀◀◀◀◀◀▶▶▶▶▶▶▶▶▶▶ 笔直

恐惧

愤怒
警戒

平静

好奇

耳朵是倒垂的状态，表现出恐惧。感受到危险时，为了避免耳朵受伤而耷拉着。也有让对方觉得自己弱小而不加以伤害的意思。

耳朵横着、翻过来往后的样子，代表愤怒和警戒。可能是看到了讨厌的事物而心情很烦躁，说不定正准备攻击对方呢。

猫处于放松状态时，耳朵朝前，略微向外，稍微能看到耳朵背面。这是猫咪最放松的状态。

耳朵笔直向上竖立、朝向前方，是在对感兴趣的事物专注地观察。这个时候看不到耳朵的背面。

胡须

情绪平和时，胡须会处于自然下垂的状态。一旦遇到感兴趣的事物，胡须就会一下子往前。相反地，感受到恐惧时胡须就会往后。

下 ▲▲▲▲▲▲▼▼▼▼▼▼ 前

平静

嘴角处于松懈的状态，此时胡须由于引力的作用自然下垂。这说明目前的状况不需要用胡须作为感应器。

好奇

当猫发现猎物、玩具等自己没见过的东西时就会很好奇，此时为了更多地收集信息，作为传感器的胡须就会往前倾，同时眼睛会直直地盯着目标。

25

【兴趣盎然】

专心致志观察感兴趣的东西时的表情。和人类一样，它们会睁大眼睛观察对方，竖起耳朵是不想漏听任何信息。

眼睛睁得大大的，耳朵竖得高高的！这便是它们"兴趣盎然"时的表情

发现感兴趣的东西或是看到陌生事物时，它们就会竖起大大的耳朵，眼睛也睁得大大的，就连瞳孔也会因兴奋而扩张。人类在看到有趣的事物时会睁大眼睛，猫也是如此。

此时，它们的胡须也会猛地朝向前方。胡子对它们来说就是一个灵敏的传感器。有没有看过猫抓老鼠的情景？它们的胡须会朝老鼠的方向伸展。如果你在老鼠有动静时触碰猫的胡须，会发现它的胡须在轻微颤动。虽然猫不会用胡须去触碰目标物，但遇到它们感兴趣的东西时，胡须也会朝向前方。这是它们充分活用感官机能的表现。

这也是兴趣盎然的表情！

我们能看到这个小家伙是侧着身子的，胡须使劲朝向视线前方。瞳孔睁得那叫一个圆。

眼睛睁得好大，跟个铜铃似的！

竖起耳朵仔细倾听。所谓"洗耳恭听"，说的就是这个状态吧。耳朵直直地朝向对方。

发现感兴趣的事物时，它们的瞳孔会放大。眼皮也会被撑得大大的。这是它们在认真地观察感兴趣的东西，一动不动地盯着目标。

嘴角使力，胡须伸得直直的，朝向前方。这是将胡子当作传感器，在收集对方的信息。

【怡然自得】

没有不安情绪，表情放松。身体也会放松、瘫软。这是猫咪最幸福时刻的表情。

瞳孔不大不小，正好位于眼睛中间。感到安心之后，眼皮也会下垂。一副睡眼惺忪的样子。

耳朵也使不上力，向前耷拉着。因为安心，所以没有必要将耳朵直直竖起来。

是否处于放松状态，检查一下它们的瞳孔就知道了

当它们对现状感到安心和满足时，耳朵会自然地向前耷拉，瞳孔是中等大小。仔细看会发现它们的瞳孔其实在轻微地忽大忽小地变化着。当它们以这样的表情看向你时，说明是信赖你、仰慕你的。此时便是加深信赖关系的好时候。好好地摸摸它们，挠挠它们的喉咙吧。眼睛微微眯起说明不是很在意周遭情况，是一种非常放松的表情。之后很可能就这样睡着了。

睡吧睡吧测试

检验你与爱猫是否心意相通

❶ 当猫咪一副"怡然自得"的样子看向你时，请闭上眼睛装睡。

❷ 过一会儿，稍稍睁开双眼，静静观察一下猫咪。要是它也一副睡着的样子，或是真的睡着了，说明你们是心意相通的。

【安心和满足】

和亲密的人对视时，缓缓将眼睛闭上，是安心与满足的表现。

一边与对方视线相对，一边缓缓地闭上眼睛。

喜欢的对象在身边，感到安心和满足

当你和猫视线相对时，它是不是会缓缓闭上眼睛？有的猫会在你喊它名字时露出这个表情，好像在用眨眼回应你的呼唤。这是猫安心和满足的表情。闭上眼睛意味着"没必要太警戒"，代表"对方没有敌意""可以放心待着"等意思，也表示对主人或关系好的猫伙伴等亲密的对象在身旁感到满足。如果对现在状况有什么不满意，想要诉苦，它就会一边和主人对视一边叫以吸引主人的注意力。

猫语读取术 高级篇

遇到不认识的人就会避开视线

有句话叫"你瞅啥"，即使在人类之间，盯着不认识的人看也是不礼貌的行为。在猫的世界里也是一样。和不认识的对象互相瞅着、盯着，那是挑衅、要打架的意思。猫只会跟自己亲密的人四目相对，遇到不太熟悉的人，就会避开视线啦。

【缓解紧张】

猫困倦时会打哈欠，感受到压力和紧张时也会打哈欠。这是为了缓解压力，缓和紧张的情绪。

被骂时打哈欠是紧张的缘故

睁着眼睛打哈欠，极有可能是为了缓和精神上的紧张。

在被主人斥责而情绪紧张时会张大嘴巴打哈欠。

除了困倦，猫也会在感受到紧张和压力时打哈欠。就跟人类感到困扰时会挠头一样，这是一种通过其他动作缓解自身压力的行为。猫在被斥责时打哈欠也是这个道理。主人千万不要误解，以为猫"完全不当回事"。猫在被骂时是睁着眼睛打哈欠的，说明它的内心很不安，在戒备着。

这是困倦时的哈欠。眼睛是闭着的。

这也是
缓解紧张的
表情

用舌头舔鼻头也是为了缓解紧张。说明猫咪正处于焦躁、紧张的状态。

轻轻舔前腿和身体侧面，使体毛放松。

【 这是什么呢? 】

歪着脑袋，一副不解的样子。这是看到陌生事物或感兴趣的东西时想要好好探究的表情。

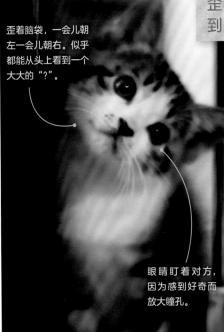

歪着脑袋，一会儿朝左一会儿朝右。似乎能从头上看到一个大大的"?"。

眼睛盯着对方，因为感到好奇而放大瞳孔。

歪着脑袋就能看到平常看不到的东西吗?

人类在感到奇怪或是不解时总会歪着头，而猫歪头则代表它们想要好好观察一下感兴趣的东西。虽说猫有优秀的动态视力和暗视力，但它们的真正视力却不到人类的十分之一，甚至用眼睛确认静物这样的小事都能让它们十分苦恼。因此，它们会在跟目标物隔了一定距离的情况下侧着脸，调整视角，以便观察事物。

仔细观察的姿态!

习惯是会传染的?

当两只猫在一起时，它们会将头歪向同一个方向。猫喜欢模仿其他猫的动作和习惯。歪脑袋的习惯说不定就是被传染的。

【信息素感知中】

嘴巴张开，眼睛睁大，发呆一般的表情。这种表情就是所谓的异性相吸反应。

嘴巴保持半张，上唇用力，看起来像是笑的表情。

放松地凝视，或者盯着主人的脸。

呼呼

确认是不是信息素

　　猫除了鼻子还有别的感知气味的器官，叫作"雅克布逊器官"，位于口腔上腭。一般来说，它们都是通过鼻子闻气味，但感知到有类似异性猫的信息素气味时会张开嘴巴，用雅克布逊器官确认。这个表情似笑似鄙夷，实际上并不是你想的那样，它们是在很认真地确认感知到的气味到底是不是信息素。要是公猫感知到了母猫的信息素，可能会因此而发情。可能是含有相似成分吧，它们有时候也会对人类的体臭和牙膏产生类似反应。

雅克布逊器官是什么？

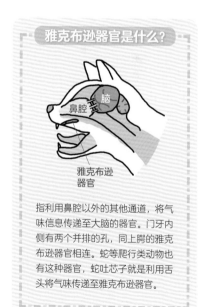

脑

鼻腔

雅克布逊器官

　　指利用鼻腔以外的其他通道，将气味信息传递至大脑的器官。门牙内侧有两个并排的孔，同上腭的雅克布逊器官相连。蛇等爬行类动物也有这种器官，蛇吐芯子就是利用舌头将气味传递至雅克布逊器官。

【感知危险】

察觉到危险或讨厌的事物时，会有戒备的表情。睁大眼睛仔细观察，耳朵朝向两边呈防御姿态。

耳朵朝向两边的状态，是对危险进行防御的表现。

瞳孔又细又敏锐，而且发着光。眼睛一直睁着，仔细观察。

注意力高度集中，判断是攻击还是逃跑

瞳孔变得很细小是在表达"好讨厌啊"的情绪，仿佛在说"再靠近我的话挠你哦"。眼睛睁大，直勾勾地盯着对方。心怀戒备时耳朵会保持朝向两边的状态。包括喉咙在内的整个脸部都紧张地绷着。对眼前可能有危险的事物仔细观察，判断要逃跑还是进攻。

相较于左边的照片，小家伙的瞳孔扩张了不少。大抵是心虚了，恐惧和防御的心理愈发强烈。

猫语读取术 高级篇

吐舌头的表情

有些猫咪爱吐舌头，有时候甚至会因为忘了缩回来而一直将舌头露在外面。猫的前齿相当小，即使闭上嘴巴也很容易产生间隙，所以，牙齿咬到了也不怎么疼。像波斯猫等脸比较扁平的猫经常会吐舌头。另外，细心舔毛之后，因为太累，就更容易忘记把舌头收回去了。不过，稍微露出一点舌头在外面的样子，看起来还挺可爱的。

【恐惧】

感到害怕恐慌时的表情，说明它们正面临相当大的危机。

耳朵就要耷拉下去。完全耷拉下去是最害怕的时候。

因为恐惧而大量分泌肾上腺素，瞳孔变得又大又圆。整个眼睛会睁得很大，想要弄清眼前的状况。

心脏怦怦跳，充满恐惧！

对于未知的危险感到恐惧时的表情。全身变得僵硬，瞳孔又大又圆，为了避免耳朵受到伤害会将耳朵耷拉下来，胡子也会向后伸展。

再细小的事情它们都不会放过，将眼睛睁得很大，就是为了看准时机脱困。若是猫咪长时间保持着害怕的表情，说明它们觉得自己处于危险中，不管怎么抚慰都不会使其安心。此时伸出手的话，你很有可能会受伤。我们需要静静地等着它们自己平静下来。

猫语读取术 高级篇

感到恐惧时身体僵硬

自然界中移动的物体会很显眼，容易受到天敌攻击。而一动不动，反而不被认为是"动物"。所以，遭遇巨大危险时保持不动，这是猫躲避危险的本能。

但是，本性机敏的猫经常被车碾压也是这种习性造成的。猫认为车就是天敌，所以会保持一动不动。放养的猫难以避免交通事故，最好完全在室内圈养。

嗝几

【威吓】

向对方表明"自己很强"，吓退对方的表情。实际内心胆怯，耳朵倒向后方，腰身伸展，感觉即将扑向对方。

由于兴奋，瞳孔放大。瞪着眼睛，威吓对方。

露出獠牙

耳朵向后倒，避免受伤，脑袋呈球状。

就是因为害怕，所以才要让对方觉得自己很强大

一边发出"呼"的嘶吼声，一边张牙舞爪威吓对手。这显然是强势的表情。露怯时它们的耳朵会倒下去或者弓着腰。如果吓退对方就会重归平静，如果对方不离去就会持续瞪着对方，直到最后下定决心战斗。然而战斗对双方来说都是比较冒险的行为，能避免就尽量避免，能用眼神吓住对手就绝不用武力解决，这才是它们的真实想法。

强势的猫
身体笔直朝向对方，不需要让对方感觉自己体形壮硕。

弱势的猫
为了让对方感觉自己体形壮硕，身体侧面呈现给对方，弓着腰。其实，尾巴变粗就代表了胆怯。

只有猴子、狗、猫的面部表情丰富

面部肌肉发达，表情丰富的动物并不多，除了人类等灵长类动物，只有狗和猫了，其他动物的表情极其有限。其实，表情就是群居动物为了向同类表达心情的产物。猴子和狗都是过群居生活，所以表情自然丰富。那么，为什么独来独往的猫也会有丰富的表情？实际上，猫虽然多独自生活，但也经常聚集在一起，存在简单的社会性。

日本猴子20～100只成群生活。表情在哺乳动物中是非常多的，可通过表情传递愤怒、恐惧。此外，这种猴子的叫声有30种以上。

十几只流浪狗就能结群生活。表情虽然没有猴子多，但其叫声及全身姿态也能表达情绪。

简单的猫社会有利于丰富表情

流浪猫定期聚会，没有目的性，彼此稍稍隔开一点距离坐下，如同只是打个照面（详细内容参照第146页）。如果有讨厌的猫接近，就会发出"呼"声威胁对方。这种情况下，表情就会发挥作用。

怪异表情、有趣表情大合集！

照片中的猫咪表情各异，每一种都是主人拍下的珍贵瞬间。
拍摄效果并不一定很好，但猫咪的表情都很可爱。

绝对不是合成照片！
这是真实的笑容，
但感觉只有眼睛和
嘴巴在笑。

舔舌头的狡诈表
情。居然跟右图
是同一只猫！

这只猫也在舔舌头，目光
狡黠。

可爱的睡脸，还能看到翻
白眼。

嘴里叼着植物的茎，是不
是把菜叶糟蹋光了？这只
坏猫。

揪住脸向外扯，
眼睛都快眯成
缝了。真老实，
真可爱。

额头贴上了黑
色纸质八字眉。
看来经常折腾
这只小猫。

或四肢张开
或缩成一团

姿态篇

根据情绪改变姿势

通过肢体语言向对方表达情绪

　　猫身体柔软，就算是四脚着地站着也可以观察到它各种各样的变化。猫要表现强势时会将身体拔高，示弱时会把身体压低。既会伸展自己的身体从气势上压倒对方，也会压低身体把自己弄得很小，好像在说"我是弱者不要攻击我"。猫与猫之间即将爆发战斗时，大多是通过身体语言来一决胜负的，两方气势不相上下的情况下才会爆发实际的战斗。

　　猫战斗时的状态不能单纯地分成强势和弱势两种，也会有一半强势一半弱势的情况，这时会有下半身拉高上半身压低的复杂姿势。和人类嘴上说着霸道强势的话，身体却准备着逃跑撤退的逞强状态差不多。前腿因为畏惧发软不能动弹，后腿要时刻保持备战状态，这时就会产生一种奇妙的姿态——横着走。

　　姿势是隔着很远的距离也能看懂的信号。即使它没走到你身边，你也能通过姿势读懂它的心情。

平静

不是危险的状况，也没有讨厌的东西，完全安心的状态。尾巴自然下垂，后背平直，耳朵也自然地朝向前方。

背部保持水平

耳朵自然朝前

尾巴自然下垂

稍微有些害怕。一边从下往上瞥着对方，一边压低身子。思考着是要逃跑还是应对。

恐惧
想逃跑

恐惧加剧时就会处于蹲伏的状态，寻找逃跑的契机。

尽可能让自己显得小一些

头缩着保持低姿态

耳朵倒垂就是感觉到了恐惧

耳朵朝向两侧，尾巴摆动，这是表达烦躁的情绪。这种状态通常是有麻烦出现。

直勾勾地盯着对方，抬高腰身，让身体看起来更大。展露出较为威武的姿势，以求气势上压倒对方。耳朵是朝向两侧的。

强势的 威慑

耳朝两侧

下半身抬高

前腿笔直

遇到危险的事物，戒备、收紧腰身的状态，在仔细观察对方。

同右上方"强势的威慑"基本相同的姿势，但尾巴变粗表示感到恐惧。

背部稍稍抬高，但上半身并未降低太多。同样，变粗的尾巴透露出恐惧。

身体压低，窥视对方的状态。同时，耳朵倒垂。

比对方明显弱势的状态，姿势压低，企图威胁对方。

弱势的 威慑

虽然也有攻击之意，但内心还是比较恐惧的。这个时候下半身抬高了，但上半身还是很低，变成了如图的复杂姿势。面对对方摆出横向的身体姿势是为了尽可能地让身体看起来高大一些。

压低上半身，稍稍抬高下半身的姿势。在仔细观察对方，犹豫着是要示弱把自己身子缩小还是不顾一切拼上去。

压低上半身

耳朵倒垂

只有脸面向对方，身体朝向侧面

抬高下半身

猫也讲道义?!

猫打架的原则

打架会消耗不少体力，而且存在受伤的危险，对双方来说都是不利的。猫不会胡乱打架，它们会尽量避免毫无益处的争斗。当意识到有不认识的猫在自己的领地时也会装作没看到，若无其事地走过，不会看它一眼。但在发情期，为争夺母猫而发动的争斗却是无法避免的。这可是关系到繁衍后代的大事，决不能退缩！虽说是这样，在对峙时大概也能从双方的体格气魄（自信）上来预见胜负，"肯定是我比较强""这家伙是赢不了的"，大多数情况下不用打就结束了。只有在双方势均力敌或是互不相让的情况下，战斗的锣鼓才会敲响。但就算如此，一旦对方认输也不会再攻击。所以说，这是比人类更讲"道义"的战斗。

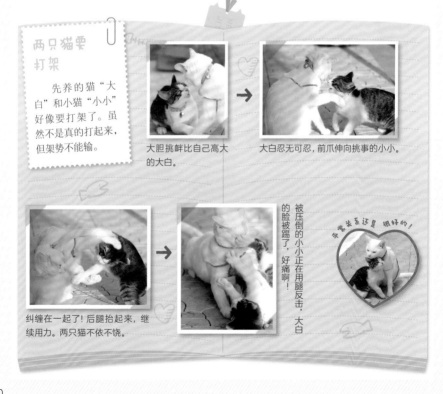

两只猫要打架

先养的猫"大白"和小猫"小小"好像要打架了。虽然不是真的打起来，但架势不能输。

大胆挑衅比自己高大的大白。

大白忍无可忍，前爪伸向挑事的小小。

纠缠在一起了！后腿抬起来，继续用力。两只猫不依不饶。

被压倒的小小正在用腿反击，大白的脸被踢了，好痛啊！

母子关系还是很好的！

尾巴篇

【想要撒娇！】

像小旗杆一般竖起来的尾巴是它想要和你亲近的信号。

尾巴笔直向上，像个小旗杆一般，即使离得稍远一些也能看到。

直直看着对方的眼睛，慢慢靠近。猫不会和不中意的对象对视，如果猫和你对视，就说明你让它感到很安全。

笔直竖立的尾巴是亲昵的标志

尾巴像个小旗杆一般竖着并慢慢靠近是对你怀有好感的信号。这是猫在幼年时期为了方便母猫舔舐排泄物而养成的本能。母猫舔舐幼猫的屁股时，幼猫就会这样把尾巴竖起来。长大后，母猫一接近小猫，小猫也会自然地把尾巴竖起来。同样，当猫遇到能让自己感受到父母般亲密的对象时，尾巴也会自然而然地竖起来。

幼猫保持尾巴笔直竖立的状态时，在移动过程中，母猫随时都能注意到自己的孩子，避免其走失。

摆出
这样的姿势！

母猫在舔舐幼猫的屁股，了方便母猫的亲近就会将尾巴竖起来。

这样竖着尾巴靠近你时表示对你怀有好感。这原本是幼猫摆给母猫看的姿势。

【 来玩吧！】

尾巴用力后变成了倒 U 形，对敌人是威吓的意思，在小猫之间则是玩耍的邀请。

尾巴呈弧形，像个倒过来的字母 U。一脸兴奋地看着你，尾巴要是这个形状就是想跟你玩耍的意思。

"一起来玩吧！" 或者威吓的意思

尾巴呈现出倒 U 形，对伙伴以外的猫是表达威吓的意思，但是在小伙伴之间，就变成了"来追我啊"之类邀请玩耍的方式。当对方开始追赶时，游戏就算开始了。家猫也会用这种姿势邀请主人玩耍。

游戏中被追赶的一方会使尾巴呈现倒 U 字形，而要去追赶的一方会像上一页图片所示那样把尾巴笔直地竖起来。

这也是 "来玩吧！" 的信号

在眼前躺下翻滚

在对方眼前躺下翻滚并露出肚皮，这是"想要一起玩耍"的意思。摆动前腿是邀请对方玩耍的姿态（详细内容参照第 89 页）。

叼着玩具走来

叼着玩具走到你面前，是"一起来玩这个吧"的意思。满足它，一起玩吧！

【焦躁不安】

尾巴以每秒一次的频率快速摇摆是猫咪焦躁不安的征兆。这时候还是暂时不要惊动它为妙。

不要以为摆尾巴就是开心，有时是心情不佳的表现！

尾巴气势汹汹地左右快速甩动。碰到墙壁或者地面还会发出声响，可见摆动的力道很大。

狗在高兴时会使劲摇摆自己的尾巴，但猫摇摆尾巴的意思却大不相同。摇摆尾巴是猫焦躁不安的表现。猫用尾巴拍地板发出"啪！啪！"的声响时也是如此。当它们感到焦躁不安时可能会出现撕咬等攻击行为，千万不要在此时去逗弄它们。如果摇摆尾巴的节奏比较轻柔缓慢，代表心情还不坏。

左边的猫一边盯着右边的猫，一边剧烈摆动着尾巴，看上去相当烦躁。

抱它时注意
有没有焦躁不安！

摇尾巴

被抱时它用力摆动尾巴就是表示"快放开我！"的意思。如果不赶快松手，它可能会咬你。

【 惊讶和愤怒 】

在遇到危险的事物或感到惊恐时，
猫的尾巴会瞬间蓬松变大。

想要威吓对手时，会
提起腰身，使自己身
体看上去更大。

蓬松变大的尾巴是猫受到惊吓的标志

在突然遇到敌人，或者突然听到巨大声响时，因为巨大的惊恐与愤怒导致极度紧张，猫的尾巴上的毛会在一瞬间竖立，蓬松变大。猫毛竖立跟人类起鸡皮疙瘩是一样的道理，此时猫全身的毛都处于竖立状态，只不过尾巴的效果比起其他部分更醒目罢了。猫毛竖立是无意识的本能行为，但能使身体看上去变大，进而使威吓对方的效果加强。

尾巴上的毛会在一
瞬间竖起，蓬松变
粗，就像狸猫的尾
巴一般。

看着窗外的小猫，尾巴突
然变大。即便是小猫，也
有变威风的时候。

猫语读取术 高级篇

追着自己的尾巴
不停转圈

猫在独自玩耍或是胆怯、不安、焦虑的时候，都会出现不停转圈的情况。主人应该多陪猫玩耍，避免它产生焦虑等情绪。

钻
挺

呼哧·呼哧

钻
挺

预备知识

面部表情

姿态

尾巴

睡姿

怪异姿态

叫声

动作

怪异举动Q&A

【恐惧】

因恐惧而将身体缩成一团，尾巴夹到两股之间。这就是"卷起尾巴"的姿势。遇到这种情况时，需要安抚猫咪。

耳朵倒垂，全身表现出恐惧不安

尾巴卷入两股之间，腰身放低

即便不是把尾巴收入两股之间，它们也会蜷缩起来，将尾巴贴到身侧，这同样是恐惧的表现。

过度恐惧而"卷起尾巴"的状态

狗也一样

在遇到不可战胜的强大对手，或者对当下状况感到十分恐惧时，猫就会把尾巴收入两股之间。相较于尾巴自然下垂的状态，卷尾巴代表它所感受到的恐惧更强烈，因而需要缩起身子使自己看上去弱小些，借此来表达"认输了，我投降了"之意。卷尾巴是动物表达此种含义时共通的肢体语言。跟猫咪把耳朵垂下来是一样的道理，卷尾巴也是为了避免自己的尾巴受伤。

狗在感到恐惧时，也会将尾巴夹在两股之间。这是屈服于比自己强的对手，或者求取和解的表现。

Q & A 这样的尾巴表达什么心情?

Q 猫咪听到呼唤后摇着尾巴回应对方时是怎样的心情?

喵 喵

喵 喵

喵 喵

A 一副家长的姿态,好像在说"我在呢,我在呢"

　　猫咪听到呼唤,有时会喵喵叫着回应你,有时只是轻轻摇摆自己的尾巴来应声。这种差异是因为猫处于不同情绪模式。当猫处在"幼猫模式",想跟主人撒娇时,它们会用叫声来回应。处于"家长猫模式"时,对主人的呼唤就会像对爱嬉闹的幼猫一般,只用尾巴随意地给点反应。这表示猫知道你在叫它的名字,但它觉得特地叫几声太麻烦了。

Q 玩弄其他猫的尾巴是怎样的心情?

A 它们将尾巴视为猎物玩耍

　　小猫有时候会将别的猫的尾巴当成猎物耍弄。小猫也知道尾巴是身体的一部分,只是感到有趣罢了。成年猫当然也懂小猫的心理,所以会用自己的尾巴逗弄小猫。

Q 猫咪被拍打尾巴根部会开心吗?

A 尾巴根部是猫的"性感带"

　　猫的腰周围是敏感部位,有的猫喜欢被拍打此处,但也有些猫讨厌这种感觉。

尾巴姿态是重要的肢体语言

猫具备优秀的动态视力及昏暗环境下观察事物的能力，但其视力本身并不太好，只相当于人类视力的十分之一。猫分辨对方更多是通过气味和脚步声，眼睛只能辨别"身形"。这也是有依据的，如果在墙上贴一幅画着猫形状的图片，猫咪靠近时就会在图片周围嗅气味，它主要通过嗅气味、触摸等方式来判断对方是不是真的猫。

有趣的是，如果图片上的猫尾巴是竖着的，就会有许多猫聚集过来。如第42页所示，竖起尾巴表示亲昵和友好，所以猫咪们的判断是"可以靠近"。尾巴姿态是猫之间传递情绪的重要肢体语言，甚至从远处也能看到竖起的尾巴，因而，这是一种非常容易判断的肢体语言。

将猫图片贴在墙上，猫咪就会靠近，嗅其鼻子及屁股的气味。

如果主人身形有变化

即使是非常熟悉的主人，如果发型及服饰同平常大不一样，猫咪也有可能分辨不清。

气味也很重要！

猫主要依靠嗅觉和听觉分辨对方。有时猫主人在洗完澡之后会被猫嗅来嗅去，这其实是因为气味变化，猫在辨别确认。

猫咪睡着时的心情如何？

睡姿篇

睡姿是当下情绪的
自然反映

感觉安全就会摊开身体睡，感觉危险就会缩成一团睡

看起来毫无意义的睡姿却是猫咪心情的反映。人类在危急情况下也不会睡成大字形，大多会把自己蜷缩起来。与此同理，猫在不安和警戒时为了能够迅速反应，会将脚的内侧紧紧贴着地面睡觉，脑袋也会贴近地面，靠在前肢上，这样就能快速抬起头观察四周了。相反地，在感到特别安心时猫会把肚子露出来，毫无防备地睡觉。此外，猫的睡姿也跟气温变化有关。即便处于安心状态，如果气温较低，为了积蓄热量它还是会把身体蜷成一团。总而言之，猫的睡姿是由气温和心情两大要素决定的。

危险

将前爪弯曲着放在身体下面的坐姿叫作"香箱坐"。这种坐姿不便于马上起身，所以是比较安心的状态。但是头还是会抬高一些，以便观察四周，遇到状况立即采取行动。

因可能的危险状况需要防范，会缩成一团保护身体。脑袋不会直接贴着地面，而是放在前腿上，如果有奇怪的声响出现就能马上抬起头确认了。

这是警戒解除的状态。脚伸出着横躺是不能马上起来行动的。离完全暴露出肚子睡觉仅差一步。非要比较的话，与左边脑袋贴着地面的猫相比，右边脑袋靠在前腿上的猫警戒度要稍高一些。

安全

警戒心为零、完全放松的状态，猫咪的肚子完全暴露出来。能看到家猫露出这样的睡姿，对于主人来说是最幸福的事了。

51

预备知识

面部表情

姿态

尾巴

睡姿

怪异姿态

叫声

动作

怪异举动Q&A

睡姿与气温有关系?

　　猫感觉舒适的气温在 15℃ ~ 22℃之间。再低就会感到寒冷，那时它会把自己缩成一团睡觉，不让身体的内侧外露，连尾巴都团起来，把自己团成一个圆球，这样身体中的热量就不容易流失了。有的猫也会把鼻尖塞入身体中，完全全全缩成一团。温度超过 22℃对猫来说就会感到热了。猫会伸长身体以便散热。有时候会露出自己的肚子，有时候也会贴近冰冷的地面凉快一下。猫的睡姿如同温度计一般。

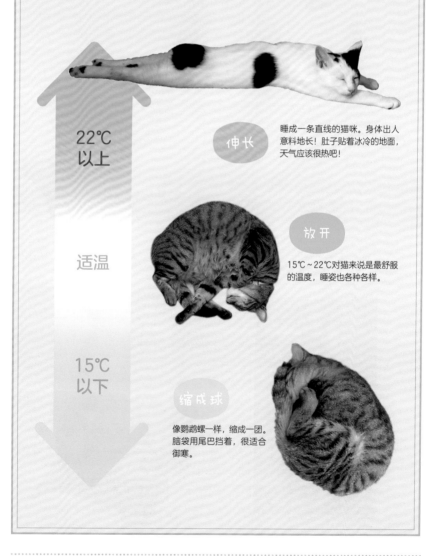

22℃以上

伸长

睡成一条直线的猫咪。身体出人意料地长！肚子贴着冰冷的地面，天气应该很热吧！

适温

放开

15℃ ~ 22℃对猫来说是最舒服的温度，睡姿也各种各样。

15℃以下

缩成球

像鹦鹉螺一样，缩成一团。脑袋用尾巴挡着，很适合御寒。

【钻箱子睡】

猫会钻进箱子状的东西里睡觉，有的还会钻进篮子或砂锅里，相当有趣。

野生时代留下的习性，看到箱子就想钻进去

猫看到新箱子就一定会钻进去看看，有时也会勉强自己钻进狭小的地方睡觉。猫咪这样的举动与野生时代留下的习性有关。在野生时代，猫会在树洞或山洞等能将自己的身体恰好塞进去的地方睡觉。关键在于"身体恰好能够塞进"。如果过于宽敞，可能会有敌人进入的危险，就无法安心睡觉了。就算有点狭小，对于身体柔软的猫来说也是没问题的。另外，因为睡觉的地方都算藏身之处，自然是越多越好。这个习性保留至今，所以猫咪看到箱子之类的东西时就会忍不住钻进去感受一下。

在野生时代，猫会在树洞或山洞等地方睡觉。这个习性现在的猫也保留着。

纸箱猫公寓，一楼二楼已经有住户入住了。它们似乎都会选择跟自己身体大小差不多的房间。

洗脸盆里刚好能塞进一只猫，大小刚好。

塞进纸箱后满脸喜悦。虽然很想问"你不觉得很挤吗"，但我知道对于猫来说，全身都贴着纸箱反而更有安全感。

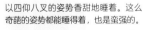

以四仰八叉的姿势香甜地睡着。这么奇葩的姿势都能睡得着，也是蛮强的。

钻到篮子里似睡非睡的小猫。下巴刚好能枕放在篮子的边缘，对猫来说是非常合适的睡觉场所。

关系好的两只猫偏偏要一起窝在箱子里，真拥挤。

【枕头上睡】

头枕着某个物体的睡姿。虽然没听说过猫需要枕头，但是许多猫都是用这种姿势睡觉。

头枕在较高位置，方便及时观察四周情况

猫也是一种头较重的动物，如果睡觉时能够枕在合适高度，它们会很舒服。此外，采取这种睡姿头位于高处，如有任何动静，方便睁开眼之后立即观察四周情况。也就是说，这种睡姿还有警戒的作用，猫在感觉不放心的状况下大多这样睡。

猫咪喜欢的枕头，早已渗入自己的气味。习惯一种睡眠姿势的猫，同样也会习惯同一个枕头。

有的猫将同居猫的身体作为枕头。喜欢同伴散发的气味及温度，这让它们更容易安眠。

头枕在纸巾盒上睡着的猫。

头搭在猫砂盆边缘睡着的小猫。许多小猫都喜欢睡在自己的猫砂盆里，闻着自己的气味更安心。

遥控器也能成为猫的枕头。呃，我没想换频道啊！

【挡着眼睛睡】

猫用前肢挡着脸的睡姿。这个非常像人类的动作很受猫的喜欢。

光线太明亮了，用前肢遮挡下

　　在较强光线环境中，有些人依然能安然入睡，但有些人就睡不着了。对猫而言，也有周围环境过于明亮就睡不着的情况。猫眼的感光度比人类要高很多，像荧光灯之类的人造光线是自然界没有的，就更会觉得刺眼。这种情况下猫就会用前肢挡着脸，让眼前处于黑暗之中才好入眠。这也是在无法移动到合适的场所，或者觉得换个地方太麻烦时的对策。

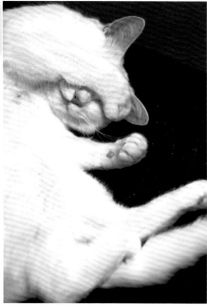

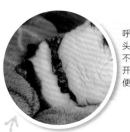

呼吸不会很困难吗？头都埋进毛毯了……不过这样倒是可以躲开光线了，还真是方便的姿势啊。

睡醒
之后揉脸

不知是为了清醒还是其他什么，猫刚睡醒就会用前爪揉搓脸部。而且，这也是爱猫人最喜欢看到的动作之一。

【同步睡】

多只猫完全相同的睡姿。或者，主人和猫保持相同睡姿。

关系好所以步调相同

幼猫有模仿母猫或兄弟姐妹的习性。通过模仿，学习生存所必需的各种技能。因此，猫咪们会摆出完全相同的姿势，或者在同一时间做出相同动作。这并不是偶然，而是血缘关系产生的"同步现象"，也是关系紧密的证明。

脑门碰脑门，左右对称的姿势！相对而眠，关系相当地好。

跳舞般的姿势，两只小家伙一起入睡。前腿交叉，很有特点。

缩成一团的睡姿完全相同，头枕在腿上的细节也是一模一样。

翻身的姿势也丝毫不差，好像在照镜子，不愧是关系亲密的小伙伴。

【对着屁股睡】

屁股朝着对方的睡姿。一起睡当然开心，但不要拿屁股对着我啊！

不会嫌弃，彼此信赖！

屁股对着睡是一种信赖的证明。小猫对着母猫的屁股睡，前方的危险自己可以观察到，但后方难以防备，如果母猫在自己身后，就能放心睡了。也就是说，猫咪当你是妈妈才会这样睡。猫并不觉得自己的肛门很脏，即使将屁股对着你，也不是讨厌你。

感觉被什么压着就睁开眼睛，原来是猫屁股！养猫的人是不是都有这样的经验？这是猫依赖你的表现，千万不要骂它。

小猫屁股贴着母猫睡，这是将毫无防备的背后交给母亲守护。

双手交叉睡在主人身上，躺着的两只猫，其中一只的屁股对着主人的脸。

屁股对着屁股坐下的两只猫，这也是彼此信赖的证明。

贪睡的伙伴（左）的脸，对着右侧猫的屁股。而且，右侧猫年龄小一些。

宠物和主人是否相似？

根据日本关西大学的研究调查，准备养狗的人会无意识中挑选同自己相似的狗。其理由是，"人类对自己看惯的事物有好感"。这种情况下，看惯的事物就是自己的脸，比如长发女性喜欢垂耳的狗，短发女性喜欢竖耳的狗。

养猫也是一样的。但是，由于收养流浪猫的情况很常见，自主选择的概率比养狗要小。下面的图就是纯种（自选）猫和它们的主人，是不是感觉很像？

另外，我们常说，夫妻生活久了也会产生夫妻相、相同行为习惯及饮食习惯等。人和猫一起生活久了，同样也会有相近的行为、气质等。例如，爱吃且体形较胖的主人养的猫大多也是圆圆的。

面容清爽的主人和伶俐调皮的美国短毛猫，连条纹衫和条纹毛色都这么配？!

少女风的主人和温柔的苏格兰折耳猫。

眼睛灵动的主人和眼睛又大又亮的猫真是太像了。

怪异姿态篇

【站立】

屁股贴着地面，脊背笔直伸长的站立姿势。这个姿势是不是很像土拨鼠？

站立姿态是确认势力范围、感到好奇、警戒的表现

对远处的事物感到好奇，或对身边事物有所戒备时，猫会站立起来让自己的视线变得更高，以便更好地观察在意的对象。土拨鼠站立的姿势也是同样的道理。所以说，常出现这样姿势的通常是地盘意识比较强或好奇心和戒备心较强的猫。对于猫来说，这样的站立姿势不会特别累，有些猫能保持站立好几分钟。

猫的腿部结构

脚跟

脚趾　膝盖　膝盖　脚尖

猫行走时只有脚尖接触地面，脚跟等部位并不接触地面。但是，站立时脚跟接触地面会更稳定。

【老爷坐姿】

像人类一样张开腿，用腰撑着地板的坐姿。我们编辑部的人将其命名为"老爷坐姿"。

从背后看老爷坐姿的状态，感觉不像是猫。

野猫中看不到这种超级放松的坐姿

一般猫咪的坐姿是像第13页右下方那样四肢支撑着身体的。像这样后腿完全张开，一旦有什么事发生就不能迅速站起来应变了。可以说这种坐姿是宠物猫才有的，是非常麻痹大意、感到放松安全的表现。这种坐姿跟猫梳理肚子上的毛时样子很像，所以有可能是理毛时意外发现这种坐姿"很舒服"，才慢慢变成一种习惯的。

老爷坐姿大多是公猫吗？

因为公猫是有睾丸的，所以这种坐姿更加稳定，本页图片中的猫都是公猫。此外，身体柔软的苏格兰折耳猫更多使用这种坐姿，所以这种坐姿也称为"苏格兰坐"。

喵~

预备知识
面部表情
姿态
尾巴
睡姿
怪异姿态
叫声
动作
怪异举动Q&A

【缠绕尾巴】

坐下时尾巴像围巾一般缠绕在脚上。这是特别谨慎、规矩的猫咪才会有的姿态。

避免弄伤长长的尾巴而使其紧贴着身体

　　长长的尾巴有被踩到的危险，特别谨慎的猫咪会把尾巴收紧，缠绕在脚上。也许以前曾有过尾巴放在外面被踩到的惨痛经验吧！有些戒备心更强的野猫为了不在地面上留下自己的气味，会把尾巴放在屁股下垫着坐。

【前腿打开】

一般情况下前腿会放在身体中央，现在却在两边，同时夹着后腿。

在理毛时偶尔摆出的奇妙姿态

　　跟前面的老爷坐姿相同，可能也是理毛时偶然发现的姿势。猫在舔舐背部时，一只前腿会绕到背后（后腿的外侧），这个坐姿便是由此发展而来。对猫来说也是个意外感到舒适安定的坐姿吧。

【 耷拉着脚 】

在高处休息时完全处于松弛状态，脚耷拉着的姿势。这是野生时代留下的休息方式。

野生狮子也是用同样姿势休息

大家有没有见过在树上伸腿伏卧着休息的狮子？它们跟猫一样双脚懒洋洋地耷拉着睡觉。猫在野生时代也是这样在树上休息的，这是当时留下来的习惯。或许是感到有些热，为了更方便散热吧。

【 嘴含前爪 】

把前爪放进嘴巴里的姿势。像人类小孩吸奶嘴一般奇妙的动作。好担心它的下巴会掉下来……

难道是源于幼猫时期舔爪子上乳汁的习惯?!

有这种奇怪动作的猫很少。下图这只猫似乎已经习惯了这种动作。推测是幼猫期喝母乳时，前爪也曾沾上母乳，在舔舐前爪的过程中习惯了这个动作，并保留至成年。幼猫时期的很多动作和行为习惯很容易被保留下来。

嘴含着前爪的幼猫。梳理毛发之前会将爪子含在嘴中。

预备知识

面部表情

姿态

尾巴

睡姿

怪异姿态

叫声

动作

怪异举动Q&A

【 抬起一条前腿 】

抬起一条前腿，保持静止的姿势。这种姿势到底是什么意思呢？

这是表示想要逃跑或者正准备走开？

前腿抬起表明意识到危险，犹豫着要不要逃跑。视线集中在对方身上，如情况有变就会立即逃走。猫逃跑的第一步就是抬起前腿，保持抬起状态表明犹豫不决。

【 倒着看 】

从猫爬架中探出脑袋，身体倒挂着看四周或地面的姿势。

倒着看周围仿佛看到了另一个世界，感觉很有趣

人类的小孩会弯腰从自己的两腿之间往后看，猫的这种动作也差不多。倒着看即使是熟悉的场所也能有一个别样的视角，感觉很新奇，仿佛置身于另一个世界。也许从猫爬架上下来时发现了这个有趣的视角吧。猫有时候也跟人类的小孩一样，使用想象力玩"思维游戏"。

【搭肩】

如同恋爱中的男女一般，一只猫的前爪搭着另一只猫的肩膀，好像抱着对方。

强势的猫会搭着被支配猫的肩膀?!

住在一起且关系好的猫之间经常会出现这个动作。这当然是关系好的证明，但也不限于此。将前爪搭在其他猫肩膀上也是无意识中想要压制对方的心理表现。强势的猫对弱势的猫有一种压制全身的动作，叫"骑跨行为"。在这个场合，将前爪搭在其他猫身上表明它是强势的一方。因为被搭的猫不能快速活动，也可以说是认可了自己是弱势的一方。以人类来打比方，就像"这是我的女人！不要出手哦！"这样的感觉。

大猫搭着小猫的肩部。大猫好像在说："这个猫是我的。"

"奉承"式摩擦脸颊

相互摩擦脸颊是关系好的证明。但是，为了"奉承"，大猫也有摩擦小猫脸颊的时候。看来猫之间的关系并不是表面这么简单。

两只小猫靠在一起睡，一只猫的前腿不自觉地搭在另一只猫的肩上，关系和睦。

充满爱意的白猫（公）和黑猫（母）。好像公猫喜欢搭肩？

猫为什么会伸展身体?

　　猫受到惊吓会伸展身体，这不是错觉，体长真的会增加。动物的骨头和骨头之间通过关节连接，但猫的关节灵活柔软，能够像橡胶一样拉伸。如果背部所有关节充分拉伸，长度可增加20%~30%!不妨测量一下爱猫拉伸后的体长（头部至尾巴根部），并同正常状态对比。

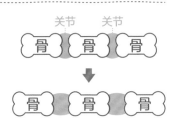

关节　关节
骨　骨　骨
↓
骨　骨　骨

正常 0.5 毫米左右的关节，拉伸之后能达到 1 厘米。

伸展后

伸展前

1.3倍

平常收缩的后腿肌肉瞬间伸展开，一跃而起!猫的跳跃能力同身体柔软性和肌肉强度密切相关。

准备伸展时背部能够弯曲也是因为关节柔软。

喵、喵噢、呼噜呼噜……

叫声篇

喵~~~

结合猫咪的叫声
体会它的心情

猫咪叫声大致有两种含义

家里的猫一直朝你叫，你可能会产生"若是能知道它在想什么就好了"的想法。猫在什么时候发出哪种声音也是探究猫咪心情的线索之一。猫的叫声大致有两种含义。对于自己的孩子、兄弟等关系亲近的猫会发出类似"快来这里"意思的声音，而对于那些不认识或者当成敌人的猫就会发出类似"走开"意思的声音。对像母亲一般亲切的人会发出撒娇般的叫声，而对危险的人物则会发出警告和威胁的叫声。

在这里，我们将会对猫的每一种声音进行解说。但是，并不是所有猫的叫声都一样，即便是一样的叫声也要根据场合去判断其意思。仔细观察猫咪发出叫声时的情形对于判断猫的心情是非常重要的。

爱猫的叫声习惯受到主人影响？

如果是野生猫，成年之后不太会乱叫。野外环境下的猫基本独立生活，发出叫声没有什么意义，而且，叫声还可能会引起天敌注意。

如果是家猫，发出叫声是将主人当作伙伴，告诉主人一些事情或自己的情绪。有时家猫的叫声也会受到主人的影响，所以在同主人生活的过程中，猫也会养成独特的叫声习惯。

呼唤对方的声音

【喵噢】—————— P70

【呼噜呼噜】—————— P72

【喵】—————— P74

吓跑对方的声音

【吓!】┐
　　　　├—— P78
【喵～呜～】┘

【叽啊!】—————— P79

亲密地
呼唤对方

　　猫咪经常会对亲人发出"来这里呀"的呼唤声,传达安心和满足的心情,也会通过叫声互相问好。这是一种如撒娇般温柔的叫声。

用尖锐的叫声
吓跑对方

　　把对方当作敌人时猫咪会发出尖锐的叫声,好似在说"不要过来""再靠近的话就不客气了"。这时猫咪通常会处于勇敢与胆怯两种状态,可以通过姿势或表情判断。

幼猫能清楚分辨父母的叫声!

　　母猫和幼猫经常用叫声确认彼此。幼猫发出叫声,能告知母猫自己所在的位置;而母猫叫,多是在呼唤幼猫。即便同一区域内有很多对母猫和幼猫,它们也不会搞错自己的妈妈或者孩子。企鹅能通过叫声从数量过百的群体中找出自己的孩子,更何况是听力上更占优势的猫。幼猫出生四周后,便能准确无误地分辨出父母或者兄弟姐妹的叫声,这也是一种生存的手段。

是妈妈!

右侧栏:预备知识 | 面部表情 | 姿态 | 尾巴 | 睡姿 | 怪异姿态 | 叫声 | 动作 | 怪异举动Q&A

【喵噢】

猫咪最常见的叫声。有时音高，有时音长，抑扬顿挫，富于变化。

喵噢

原本是幼猫向母猫发出的叫声

说起猫的叫声，你会想到什么呢？根据猫的不同，叫声会稍有差异，但是最常见的还是"喵噢"这种叫声。原本是幼猫感到冷或者饿的时候发出的声音。如果是野猫，长大后就不会这样叫了。但是，如果家猫把主人当成是母猫，就会一直觉得自己是幼猫，所以会经常发出这种叫声。

对主人有所求或者有意见时发出的叫声

原本是幼猫才有的叫声，但是随着与主人关系的逐渐深入，产生了不同的意思。比如"肚子饿了""一起玩吧""带我出去"等对主人表达的自己的要求或主张。正是明白了"一叫就有饭吃"，才会通过对主人一直叫来表达自己的请求。至于猫咪在请求什么，就要通过具体的场合去判断了。

猫咪撒娇的各种 "喵噢"
各种情景解析

在餐盘前
"喵噢"

明显是在表达"我饿了"。如果已经过了饭点，那得赶紧喂它们吃饭啊。但要不是喂的时候，那也是个问题。一旦它意识到"只要叫就有吃的"，就算不是饭点也会赖着你一直叫的。

竖起尾巴，边喵噢边靠近
"喵噢"

当猫将尾巴竖得笔直并向你靠近，是把你当成了母猫而向你撒娇的意思。这个时候就好好疼爱它们吧。和猫之间的情感也会加深哦。

在自来水龙头前
"喵噢"

这是"我想喝水啊，快打开水龙头"的意思。一般是那些不喝放在盘子里的水而喜欢喝流动水的猫。多喝水有益健康，所以尽量满足它们的要求吧。

在门前或窗前
"喵噢"

大概是在说"我想去外面啊，快开门呀"。特别是那些有外出经验的猫，就算只出去过一次，也会变得对外面的世界无比憧憬。但在外面很容易出交通事故，还是尽量不要带猫咪外出为好。

一旦答应猫咪的无理要求，它们就会得寸进尺?!

像是"来玩儿呀""你倒是理理我呀"这些无害的请求还是尽量满足它们吧，因为这样会加深你和猫之间的感情。但像"我还要再多吃点儿"之类无理的请求还是要拒绝的。虽然它们一用萌萌的声音朝你撒娇你就会想要妥协，但牢记过量的食物会损害它们健康的。还有，早上起床后嚷嚷着要吃时也是，千万不要拗不过它们就喂食了。因为它们会觉得"只要这样做了就能有吃的"而每天早上不厌其烦地冲你叫。要是它们求了你很多次你还是爱理不理，它们就会放弃的。为了猫和人能够一起舒适地生活下去，那些无理的要求还是尽量不要满足它们。

71

【呼噜呼噜】

从喉咙发出的声音。有时隔很远也能听得很清楚，有时要侧过耳朵才能听到。猫咪不同，声音大小也会有很大区别。

原本是幼猫为了告诉母猫自己很满足而发出的声音

当幼猫感到很满足或很安心的时候，它们就会从喉咙发出声音来告诉母猫，所以这种声音是"我很好哟"的意思。母猫在听到这个声音后会认为"这孩子没问题的，正在茁壮成长呐"从而感到安心。即便是正在喝奶时，它们也能从喉咙发出呼噜呼噜的声音。

呼噜 呼噜……

长大后其含义变得多种多样

最初是用来表达"我很好哟"的呼噜呼噜声随着猫咪长大含义也变得多样起来。用手挠它们喉咙时发出的呼噜呼噜声其实跟小时候的呼噜呼噜声一样，是很满足的意思。而当它们撒娇着表达"我要吃饭啦""来玩儿吧""你来逗逗我呀"之类的意思时，也会发出呼噜呼噜的声音。令人费解的是，它们在身体不舒服的时候也会发出呼噜呼噜的声音。虽然具体原因不明，但说不定是因为这样能够让它们觉得安心。所以，也不能轻易地说呼噜呼噜等同于心情舒畅。

呼噜呼噜的声音到底是怎么发出来的?

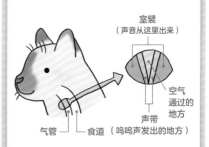

室襞
（声音从这里出来）

空气通过的地方

声带

气管　食道（呜呜声发出的地方）

人们至今也不是很明白呼噜呼噜声到底是怎么发出来的。在多种说法中，最有说服力的一种如下。通过喉咙中的声带振动，发出叫声。位于此声带外侧的室襞振动，从而发出呼噜呼噜的声音。声带和室襞分别振动并发出声音，所以猫能够同时发出叫声和呼噜呼噜声。

"呼噜呼噜" 的各种**秘密**

一边叫一边 "呼噜呼噜" 的心情是怎样的?

有些猫会在喵叫的同时又在喉咙里发出呼噜呼噜的声音,是在要求什么呢? 这是比第 70 ~ 71 页撒娇的 "喵噢" 更加强烈的表达方式。此刻它们既陶醉又兴奋,如果继续这样发展下去,它们可能就要按捺不住跳起来了!

呼噜呼噜······

狮子和老虎也 "呼噜呼噜" 吗?

狮子和老虎同属猫科动物,会不会也 "呼噜呼噜" 呢? 首先,听说狮子也和猫一样能够通过喉咙发出声音,而且声音还蛮大的。其次,并不是说老虎会发呼噜呼噜声,而是当它们感到心满意足时会发出一种 "呼呼呼呼" 的特别的声音。到底是怎样的一种声音呢?

呼噜呼噜声还有 治疗效果?!

有种令人吃惊的说法是 "猫的呼噜呼噜声其实有治疗骨折、强健骨骼的功效"。美国的一个研究所曾提出一个假说,猫的呼噜呼噜声频率在 20 ~ 50 赫兹,这种频率的振动具有提高骨骼密度、治疗骨折的功效。

实际上,利用超声波的振动治疗骨折的方法是有的,据说一般用在运动员身上。也有种说法是呼噜呼噜声不仅对治疗骨折有用,对缓解呼吸困难也有功效。如果是真的,是不是说猫在身体不适时发出呼噜呼噜声其实是 "为了治疗自己"? 也有人提出野生环境中自力更生的猫的自我治疗能力是很强的······真相到底如何呢?

呼噜呼噜

赶快治好我

【喵】

短且轻的叫声。猫之间或对主人的叫声，还有野猫也会这样对人叫。

轻轻地叫一声，是在向对方打招呼，相当于人类的"嗨，你好"

猫原本没有叫着打招呼的习惯。猫咪之间的打招呼大多是通过蹭鼻子这样的肢体语言来表达的。之所以变成了叫的方式，多半是受一起生活的人类的影响。因为在对着人类时，相较于肢体语言，声音更能引起对方注意，久而久之它们就用叫声来打招呼了。而且，当一个家庭里同时生活着多只猫时，比在野外环境中的势力范围窄，为了在有限的空间内和平共处下去，才有了"叫着打招呼"这样的方式吧。

爱叫的猫、不爱叫的猫

根据猫品种不同，可分为爱叫的猫和不爱叫的猫。当然，声音大小也是有区别的。现在就对其中一部分进行介绍。

爱叫的猫

暹罗猫
有着与它纤细体形不相符的洪亮叫声。开朗活泼的性格使得它经常大声嚷嚷。

孟加拉猫
经常朝人嚷嚷，也就是一般人说的"爱瞎叫的猫"。经常以各种高分贝的音量叫着些什么。

波斯猫
波斯猫大多温和，叫声相对比较保守。换句话说，它就是一只老实巴交、循规蹈矩的猫。

异国短尾猫
波斯猫的短毛版，叫声也是出了名的小。性情悠哉，十分乖巧。

不爱叫的猫

俄罗斯蓝猫
这是一种叫声出了名的小的猫，甚至都有人称呼它为"沉默的猫"。成年后就更不怎么叫了。

喜马拉雅猫
这种猫与波斯猫有着差不多的体形，叫声同样保守。性格也十分友善、安静。

【喀吱喀吱】

一边轻微地张合上下颌，一边用牙齿喀吱喀吱发出不可思议的声音。似乎是在凝视什么东西时发出的叫声。

发现窗外的鸟

喀吱喀吱喀吱

是因为抓不到猎物而"纠结"吗？

纠结的猫

猫发出这种声音时听者的感觉会有不同，有人会觉得像"喀咯"之类的狗叫声。它们这样叫时一般是在看着窗外，窗外应该有小鸟之类的小动物吧。猫会一直盯着它们看，但也只是看看而已，又不能抓到。这种时候就会发出这样的声音。有人说这是"明明想要抓住猎物却无能为力"的"纠结"；也有种说法是它们会在脑海中想象出向猎物猛扑过

去将其咬住的场景，因而牙齿会发出这种喀吱喀吱的声音。有些猫在想要玩玩具，而刚好玩具被收走时也会发出这样的叫声。

【喵～（听不到的叫声）】

好像是朝着主人方向叫的，其实只是张嘴巴而已，并没出声，是一种无声的叫声。

可能是通过"超声波"发出的"超甜"撒娇声

据说猫能用一种人耳听不到的高频率（超声波）叫。一般刚出生不久的小猫这样叫得比较多。在它们感觉到危险时会用超声波叫。也就是说，它们之所以这样叫是把你当成母猫了。只是人类听不到而已，它们可是很认真地在朝你叫哦。这时候，就请你当一回它们的父母，好好地疼爱它们吧。

在紧急情况下十分有效的超声波叫声

和母猫走散时，小猫会叫着告知母猫自己有危险。因为用超声波叫能够很清楚地将信息传到母猫耳朵里，这样母猫就能够迅速感知到小猫的踪迹而去施救。超声波可以说是小猫非常时刻的"报警器"。

猫的听力连超声波都能听见

猫能够听见人类无法听见的高频率声音（超声波）。人类能够听见的声音最高为 20000 赫兹，但猫能够听见远超人类的 60000 赫兹左右的声音。狗能够听到 38000 赫兹的声音，还是猫更胜一筹。作为猫的猎物，老鼠能够听到 200～90000 赫兹的声音，但猫的耳朵能够轻松捕捉到老鼠的声音。

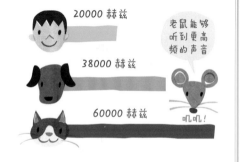

20000 赫兹

38000 赫兹

60000 赫兹

老鼠能够听到更高频的声音

吱吱！

【呼~（叹气）】

由鼻腔呼出一大股气体而发出的声音。它们和人类一样会叹息，只不过是从鼻腔发出的。

不是因为有烦心事而叹气，而是为了缓解紧张情绪

当猫"呼~"地叹气时，你可能会担心它是不是有什么烦心事。放心好了，猫叹气并不是因为有烦心事。就算是人类，精力集中在某事物上时也会自然屏息，一旦放松下来就呼出气体，猫

也一样。它们在观察陌生事物时也会屏住呼吸，在觉得安全之后，便会将原先屏住的气息一下子都吐出来，从而发出"呼~"的声音。

如果主人对猫做了某个动作之后，它发出了"呼~"的叹息声，那肯定是它感到紧张了，此时主人最好自己反省一下到底对猫做了什么。

紧张的叹气

⚠ 猫用嘴呼吸是危险信号！

猫叹气也是用鼻子的。它们通常不用嘴呼吸，即使打喷嚏也不会张开嘴，而是通过鼻子。动物张嘴呼吸被称为"间断呼

吸"，猫出现"间断呼吸"可能是由于过度运动，也可能生病了。如果猫没有运动，但张嘴费力呼吸，较大可能是生病了。要当心肺炎、化脓、中毒、心脏病等严重疾病，发现后应及时就医。

【吓！】

张大嘴巴，露出牙齿，从喉咙深处发声。

吓唬对方的叫声

为了让对手感到害怕，并逼迫其后退时发出的叫声。意在警告对方"不准过来！""再过来我可就不客气了！我可是很强的！"等。而且，同样是吓唬，气场强的猫给人一种威风凛凛的感觉。相对地，底气稍显不足的猫便是一副腿软耳朵塌的姿态。区别就在于它是自信的，还是虚张声势。

刚生下来不久的小猫也会发出这样的声音吓唬别人（猫），可能这就是猫的本能吧。

【喵～呜～】

为了吓唬对手，在打架时给自己助威的叫声。

打架时或双方对峙时发出的号叫声

即使发出了"吓！"那样的声音还是不能吓退对手，相互瞪视许久后终于决定开战，这时就会发此声助威。声音时强时弱，充斥着一股紧张的气氛，像号叫一般绵长。仿佛是在说"你打还是不打"，为即将开始的"战斗"助威。

一旦开战，便不仅仅是这种程度的叫声了，声音还要更尖锐刺耳。

【叽啊！】

尖锐刺耳的叫声。打架中被咬伤时发出的叫声。

将难忍的疼痛以及恐惧的感觉大声叫嚷出来控诉对方

猫咪在激烈打斗中被对手咬住，或是尾巴被人类踩到时，因为非常疼、非常害怕，不由得就会叫出声来，意在告诉对方"住手啊！""好痛啊！"等。声音尖锐到让人想要捂住耳朵。

交配结束时，母猫也会发出类似的叫声。因为公猫的阴茎处有刺，拔出阴茎时会剧烈疼痛。有些母猫甚至会朝公猫猛击一拳。

【呐～噢】

发情时期的叫声。声音大而响亮。

四处转悠，为寻觅异性而大声叫

当猫迎来发情期，它们就会发出洪亮的叫声来寻觅异性。在一年数次的发情期中，一月到三月是最长的，甚至有一个专门用来形容这个时期的日语词，叫"猫之恋"。对人类来说差不多的叫声，猫咪一听就能分辨出雌雄。公猫听到母猫的叫声就会聚集到母猫的身边，有时候一只母猫的身边能聚集好几只公猫。这样，一场争夺母猫的战争就无法避免了。

【嘻】【哗】

朝猎物猛扑过去时兴奋得叫了出来

在发现猎物或是将玩具当作猎物攻击时，鼻腔里便会发出这种声音。我们能够听到"嘻""呸"之类像是在咂嘴、吐唾沫的声音。感觉它们此刻的心情就像是在说"好嘞，看我的"，是一种兴奋的表现。这并不是朝对方发出的声音，而更像是"自言自语"。

以这种瘆人的声音向对方发出警告

在警告对方时，它们通常会发出一种类似于狗叫的低沉、急促的声音。有外人入侵自己的领地时，它们往往会发出这样的叫声。感觉好像在说"喂，小子，这是老子的地盘"。

【嗯啊】

发现猎物后兴奋不已，不觉间便叫出了声

在经过一番努力后发现猎物时，它们便会发出这样的叫声，像是在说"原来你小子在这里呀！""可让我好找"，实在太兴奋了，不知不觉就叫了出来。

接下来就等待时机，猛扑过去了。

我们家的猫几乎不叫，是不是有点怪？

如果猫经常叫，说明它们还比较孩子气；若是不怎么叫，说明它们在思想上已经成熟了。只能说这是猫咪的个性，不是怪。例如，和主人玩耍时有些猫会叫着撒娇，有些猫只是安静地看着，有些猫会叼着玩具过来，各种表现都有。对于不怎么叫的猫，就要从它们的尾巴状态、脸上的表情等这些叫声以外的方面去了解它们的心情。

猫到底能理解
多少人类的语言呢?

猫当然不能理解人类语言……怎么可能!
它们还是能领会一些的啦。但究竟能明白多少呢?

记住名字、"饭"之类的词

据说狗能听懂80种人类语言。而猫的智商又和狗相差无几,所以我们推测猫也能听懂相同程度的人类语言。猫容易记住的词一般是预示着会发生好事的词和会发生坏事的词。打个比方,喂食(好事)的时候,每次只要主人说"吃饭了哟",猫就会记住"饭"这个词;要对猫发火(坏事)的时候,每次只要一说"喂",它就会知道"喂"这个词代表主人生气了,会尽快逃离现场。

它们也能记住自己的名字。因为主人经常叫自己的名字,它们自然会记住跟自己有关的词。像"咪可,吃饭了!"等名字和"听到后会发生好事的词"的组合出现时就更容易记住了。

当一家人以"妈妈""阳子"之类的词称呼彼此时,猫咪也能记住别人的名字。

猫咪通常以"声音"识别语言

如果你不用平时的腔调对猫咪说话,它们是理解不了的。比如改变语音语调,将平常很温柔地说出来的话用很恐怖的感觉说出来等,只要稍稍改变下说话的语气,就算是同样的话,它们也可能理解不了,从而不能给出相同的回应。如果是平时没有对它们说过话的人,由于声音语调的不同,也有传达意思不到位的时候。

对于比较相似的词,猫是分辨不出它们的区别的。假如家里养了很多只猫,在给它们取名字的时候,要取类似"咪可""小樱"这样对猫来说发音容易辨识的名字。

咪可

喵可

这种叫声表达什么心情?

Q 跟猫说话时它们会叫着予以回应?

A 它们虽然会搭理你,但谁又知道你到底都讲了什么呀!

有些猫一被叫到名字就会叫着回应你。主人对猫讲话,猫虽然也会"喵喵"着回应,但它是不知道你讲了什么的。你对它讲政治经济相关话题,估计它也是会回应几声的。不知道把这种现象叫作"随声附和"好还是不好。虽说有些微妙,但猫既然能应主人的呼唤,说明它是将主人当成母亲一般来喜爱的,即使它并不能理解你的意思。

所以呢~

那时候啊~

喵 喵 喵 喵

Q 当主人外出或是回到家时会叫个不停?

A 和"欢迎回来"的意思还是有些许差别的!

喵 喵 喵

回家时猫对你"喵喵"叫,你会觉得它们是在欢迎你回来吧?实际上,这只是小猫想让"母猫"知道自己"就在这儿"而已。一看到主人的脸,立马进入到幼猫模式,告诉主人"我在这里哟~""我肚子饿了哟~"之类的意思(笑)。好像和"欢迎回来"还是有些许差别的。而且,主人出门的时候会觉得猫叫就像是在说"我不想让你走"而感到困扰,但其实完全不用担心。猫在你出门的刹那就会将你完全抛诸脑后,它们会睡个午觉或是尽情玩一下午。所以,请不要有所顾虑,放心出门吧!

Q 我一打喷嚏猫就会叫？

A 听到平常不常听到的高分贝声音会受到惊吓，出于警戒而叫出声来

家是能让猫感觉安心的场所，是能让猫完全袒露肚皮、在零戒备状态下入睡的地方。但若是突然响起"阿嚏！"这般大的声音，猫当然是会受到惊吓的。这时的叫声像是在问"发生了什么事"，看到朝着自己叫的猫，想必很多主人都会为此自责。而且，和平常撒娇的叫声不同，主人也会更关心。

猫原本就不会张大嘴巴打喷嚏（参照第77页），所以它们也没办法理解那竟然是人类的喷嚏。它们可能会觉得"主人突然发出了一个很大的声音"，又或者它们会将人类爆破音般的喷嚏当成是狗的

"汪"，可能认为"尽管没看到狗的身影，但狗一定就在哪里吧"。为了警告作为天敌的狗，它们会发声示威。因为猫警戒心比较强，所以对平常不怎么听到的声音会非常敏感。为了不惊吓到它们，我们还是尽可能注意一下吧。

Q 家人吵架时，猫会叫着过来阻止？

A 可怕的家庭氛围对猫来说是不小的压力

非常遗憾，猫并不会因为担心主人而过来劝架。一贯和平的家变得闹哄哄，气氛突然变得紧张起来，出于对现状的不安猫才会叫。对猫来说，能让它们安心的是和往常一样氛围的家。如果它们一叫争吵

就停止的话，它们会认为"只要叫一下一切就会回归正常"，之后可能你们一吵架它们就会叫。

Q 我们家的猫会说"我要吃饭~"?

A 会讲人话的猫?! 真相是它们在和主人互换信息

听着像"肚子饿啦""早啊"什么的，似乎会讲人话的猫还不少。这些都可能被认为是在和主人交流。

家猫在主人给予回应时会叫得更加起劲。偶尔也会发出听上去像"肚子饿啦"的叫声，这个时候主人往往会感到惊喜而加以称赞。要是这个时候真的给它们吃的，猫就会记住这个叫声的感觉，因为它们知道这样就会有好事发生，也就理所当然会多叫两下。

遗憾的是，猫并不是在理解了你的真正意图后才发出这种声音的，这也算是交

（上）在视频网站引起热议的会讲话的猫 Yukke，会讲"人家不明白嘛~""快跑~""讨厌~""好冷啊~""不对~""快打开~"等。

（左）据主人透露，他们家猫讲得最多的话就是"我要吃饭~"。猫咪撒娇时的叫声听起来就像在说"我饿了"。

流方式的一种吧。只要主人开心，这种开心的氛围也会感染到猫。它会乐意当一只"会讲人话的猫"。但千万小心，别让它吃多了啊!

Q 打电话时它会叫着出来妨碍你?

A 那是因为它不知道你在打电话。

猫当然不明白电话为何物。主人打电话的样子在猫看来像"自言自语"，是一个不可思议的状况。若是打电话时又是笑又是大声说话，那对猫来说就更没办法理解了。可能也有猫会觉得"莫非主人是在对自己说话"而叫着回应。然而，如果它们叫了，主人还是没有任何反应的话，它反倒会喋喋不休地叫个不停。因为对它们来说这就是莫名其妙的事，又有什么办法呢? 就算是它们搞错了，也请不要骂它们"好吵啊"。

撒娇、观察……

动作篇

【揉呀揉】

前肢在毛毯、被子等柔软的东西上揉来揉去的动作。也可叫作"抓啊抓"。

睡觉时还用前爪挠来挠去，是不是在梦中美美地吸着母亲的奶水啊？

 基本含义 可能是想起了小时候喝奶的情形

　　幼猫在喝奶时，总会边用双爪揉搓猫妈妈的乳房边享用母乳。虽说是无心之举，但却能使母乳更顺畅地流出来。这份儿时的记忆一直保留着，直至成年。这个习惯性的动作也就延续了下来。每当被酥软又令它身心愉悦的东西包围时，猫咪就会有喝母乳的感觉，这令许多猫无比安心，昏昏欲睡，沉浸在幸福的情绪中，被满足感包围，仿佛回到了婴儿时期。

【吸呀吸】

将柔软的东西衔在嘴中吸吮的动作。可以是人的手指、毛毯之类的东西。

基本含义 还真是喝奶的动作

同前页"揉呀揉"一样，每当回想起喝母乳的那段时光，猫咪们便会不由得做起这样的动作来，就像人类宝宝在吸吮奶嘴后就能美美地睡上一觉一样。所以，即便已是成年猫，它们在吃饱后昏昏欲睡之际，也总是动动手动动嘴，像极了喝奶时的萌样。

过早离开父母的猫容易耍小孩脾气

不论是"揉呀揉"还是"吸呀吸"都是孩子气的表现。在自己还很小的时候就离开了母亲，甚至不曾好好道别的猫就经常这样。让我们代替猫妈妈给它们充分的关爱吧。请一定将毛衣之类的衣物收好。因为爱猫们极有可能将这类物品咬碎后吞下去，导致肠胃损伤等严重后果。

【露肚躺倒】

横躺着让人看到肚皮是猫不设防的表现。看得人心都融化了，这可是猫的高人气动作之一。

基本含义 对主人信赖、放心的意思

对猫来说，柔软的肚皮一旦遭受攻击就会毫无招架之力。因此，若不是令自己放心的人，它们是不会轻易向对方展示自己的肚皮的。若是将肚皮展示给你看，就表明它们对你很放心。基本上就是这样的意思。当然也会因情况而异，让我们接着往下看吧。

撒娇或想让你抚摸时，猫咪就会横躺在地上。但是，有的猫是在表达"快停下来！"的意思，要分清楚。

其他含义

突然给主人看自己的肚子

假如猫主动靠近主人，并在主人面前横躺下来，那就是"我们来玩儿吧！"的意思。在同伴的面前，要表达同样意思也是用这个肢体语言。当猫做这个动作时，想必同伴们会马上开始和它追逐嬉戏吧。若它对你做了这个动作，就请陪它玩一会儿吧。

左边的小猫露出肚子躺下，邀请右边的小猫一起玩耍。前爪招手的动作很明显，好像在说"来呀来呀"。右边的小猫不负盛情，朝着左边的小猫飞扑过来。接下来，两只小猫开始打打闹闹。这就是猫的成长过程。

躺在主人正在看的报纸或书上

当主人在看报纸杂志时，猫会走过来躺在上面。这绝不是要妨碍你的意思。只是它们看着一动不动的你就会想"怎么了啊？你是不是不理我了呀？喂喂，我就在这里哟"。

如果主人在说话时猫咪突然躺倒它在说"我在这哦"，以此吸引你关注它。

抚摸它们时突然露出肚子

当你在抚摸它们的背部或头的时候，它们会给你看自己的肚子。好像在说"你是不是也想摸摸我的肚子呢？好啦好啦"，似乎很乐意的样子，但实际上是拒绝你的意思，相当于"够了，你给我适可而止啊"。如果这样就不要再摸它了，放过它吧。

摸～摸

摸～摸

躺！

【扭扭歪歪】

不单单是横躺下来将肚皮给你看这么简单，还会扭动着身子，左右来回滚动。通常会闭着眼睛。

基本含义 心情好到忘乎所以的状态

做这种动作的理由有很多，通常是心情比较好，心满意足且对现在的状态感到舒服。这种好心情的理由可能是"天气好""木天蓼的迷醉反应""心痒痒（发情）"等。肚子外露就是很好的证明，没有丝毫忧虑不安的迹象。

其他含义

独自玩耍

猫在安心又温暖的舒适环境中会随意躺下，放肆享受，又是扭转身子，又是滚来滚去。要是有关系好的小伙伴就一起玩，要是孤单一猫就自己在那儿扭来扭去。心情好到眼睛都眯起来了，简直是销魂的状态啊！野猫有时候会在阳光充足的地方独自玩耍。

发情了

猫一年会有几次发情期。当没有做过绝育手术的母猫开始在地板上扭来扭去时，很有可能是发情了。它在释放信息素来诱惑公猫。据说，即使是在室内，母猫的信息素也能透过窗户缝隙乘风飘到500米之外的地方。如果你希望母猫生育，那没什么问题，但如果你没这个想法，那还是给它们做手术吧。绝育手术还能预防生殖系统方面的疾病。

母猫在发情期的行为

发情的母猫会在地板上扭捏翻滚，或者发出撒娇的声音。有时还会摆出胸口贴着地板，抬高尾巴的姿势。其实，这就是一种接受异性的姿势。

此时同公猫交配，很高概率会怀孕。一旦怀孕，发情期就结束了。一般来说，平均每胎生四只小猫。

如果没有怀孕，会暂时结束发情，但几天后又会卷土重来。并且，这种状态会持续一个半月左右。

对木天蓼之类的会有反应

猫在舔舔或是闻闻木天蓼后会在地板上滚来滚去。不止如此，它们还会流口水，变得异常兴奋，仿佛醉汉一般。这是因为木天蓼中含有木天蓼内酯，这种成分会刺激猫的大脑中枢，使其轻微麻痹。猫薄荷和牙膏中也含有类似的成分。

挠挠后背

有时候它们只是单纯地用背在地上蹭，以此来挠挠痒。当它们这么做的时候，你去帮忙挠挠后背，它们应该会露出心满意足的表情。顺便为它们梳理一下毛发吧。需要注意的是，它们感到痒多半是因为有跳蚤寄生，以防万一，最好将毛拨开确认一下。跳蚤一般会藏在尾巴根部。

木天蓼反应中痴醉的猫

【 蹭啊蹭 】

用脸或是身体蹭人类的脚跟或家具的动作。被蹭的人类也会心醉神迷的。

基本含义

通过用身体蹭的方式将味道附着上去

实际上，猫用身体蹭某物是为了将臭腺（分泌腺）中散发出来的味道附着到被蹭的物体上去。猫在自己的势力范围内到处散播自己的味道就是为了表示"这是我的地盘"，对人也同样有效。在主人脚边蹭来蹭去，与其说在表达"主人我好喜欢你啊"，不如说是"主人也是我的"的意思！当然，它对不信赖的人是不会做这种动作的，所以你就偷着乐吧。

其他含义

回到家，它会过来蹭蹭你

当主人回到家时，它可能会很热情地过来蹭蹭。主要是因为主人在外面沾了不少别的味道回来，它想重新覆盖上自己的味道。好像是在对你说"欢迎回家"，实则意思是"好怪的味道，必须立马消除掉"。

有的猫咪还会检查主人嘴中的气味！

【顶啊顶】

用额头顶撞某个物体的姿态。顶撞对象为家具、墙壁、人的腿等。而且，猫咪之间也会相互顶撞额头。

 基本含义　同"蹭啊蹭"一样，是附着气味的行为

猫的身体中有几处分泌气味的臭腺，额头上的也是其中之一。臭腺有时候会稍稍发痒，所以猫咪会磨蹭家具、人类的腿等。与此同时，猫也会将气味附着到磨蹭的对象上。然而，有的猫并没有这样的行为，具体原因尚不清楚，或许它们额头的臭腺不容易发痒。

臭腺的位置

太阳穴腺
位于额头两侧的臭腺。猫咪之间打招呼时会相互蹭一蹭额头。

口周腺
位于上唇周边的臭腺。可用于标记特定物体。

颌腺
位于下颌的臭腺。也是用于标记特定物体。

肉垫
肉垫之间也有臭腺。猫爪抓过的东西或留下的脚印等会残留气味。

额头

侧头腺
位于耳朵后面的臭腺。它们经常用后腿挠这里。

肛门腺
位于肛门两侧的臭腺。排便或兴奋状态下，会产生分泌液。

侧腹
有的猫喜欢用侧腹蹭主人，此处也有微弱的臭腺。

尾腺
尾巴也有臭腺零星分布。有的猫尾根部会被分泌液弄得黏糊糊。

【嗅啊嗅】

这是用鼻子闻味道的动作。猫的鼻头潮湿，能很好地收集各种味道。

 基本含义　相较于视觉，猫更擅长用嗅觉来认识事物

猫嗅觉的敏锐度是人类的20万倍以上。因此，比起视觉，猫更擅长通过嗅觉认知事物。初次见到某个人的时候，好好闻过一遍后会想"哦哦，这家伙原来是这样的味道啊"，从而记住了这个人。相反地，就算是同一个人或同一个地方，味道改变后猫也会认不出来，从而心生戒备。如果家里养了多只猫，其中一只因病去宠物医院医治，回来后有可能会被家里的其他猫威吓。这是因为猫讨厌医院的气味。

猫的嗅觉虽然比狗差，但比人类敏锐多了，能够闻出三四天前其他猫标记的气味。

搞不懂……
嗅嗅　嗅嗅
原来如此　是这样啊！

猫打招呼就是相互嗅气味！

彼此关系**友好**时♪

出去玩

对其他猫产生**敌对心**时

猫之间用碰鼻子来闻对方的味道

猫会凑近鼻子闻彼此的味道，充满友好的好奇心。

闻小屁屁的味道

接着，闻对方屁股的气味。但也有不想给对方闻的情况，双方头尾相接环绕几圈之后就会分开。

弱势的猫直接示弱让对方闻屁股

猫双方气势较弱的一方会直接示弱，让对方闻自己的屁股。到此，第一次打招呼就结束了。

威吓

发出"吓"的叫声，并露出獠牙威吓对方，让对方不敢靠近。如果双方互不相让，就会扭打在一起。

为什么用鼻子碰手指？

如果用手指指着猫，它就会用鼻子贴上手指，这是因为猫与猫之间碰鼻子就是在打招呼。鼻头相碰，沾染彼此的气味。

【舔啊舔】

这是猫用舌头舔的动作。用舌头梳理毛发，或是舔取食物是猫的本能动作之一。小猫在生下来两周左右就会自己梳理毛发了。

基本含义

舔自己身体时会非常平静

猫梳理毛发不仅仅是为了将身体清理干净，还是一种能让自己变得无比平静的非常重要的行为。幼猫在被母猫舔舐时十分平静，而同伴之间互舔是相亲相爱的证明，所以舔毛是一种非常重要的交流方式。有人说，它们被人类抚摸时就像在被大舌头舔舐身体一般。当然，在猫的世界里，被自己的同伴用"手"抚摸是几乎不会发生的。

粗糙的舌头有利于顺毛及进食

养猫的人都知道，猫舌头粗糙不平。人的舌头有细小突起的"乳头"，猫也有且更硬，如同刷子一样，舔一舔就能捋顺毛发，还能清除杂毛、脏污。此外，捕捉老鼠的野猫还能用舌头剥开猎物的皮肉。猫只要用点力就能让舌头上的"乳头"立起，放松之后就会恢复原状。

其他含义

猫会舔被人抚摸过的地方

人抚摸过猫之后，它们有时候会去舔被抚摸的地方。并不是在说"啊，讨厌，别再碰我了呀"，而是在整理被弄乱的毛发，使自己的身体重新回到最佳状态。兴许是猫的洁癖又犯了，它们对自己的仪容非常在意，绝不偷懒。

在某件事上失败后会舔舔自己的身体

比方说，想要跳上某个高处却不幸失足的时候，仿佛是要混淆主人的视线一般一个劲儿地舔起自己的毛来，这种现象你有见过吗？虽然看上去像是企图掩盖自己失败的事实，但猫其实根本不在乎人类的眼光。就像前页说过的，舔毛有安定心神的功效，为了安抚自己因失败而慌乱的内心，自然舔起了毛。在这种情况下，舔毛时间十分短暂，很快便会结束。

咬了人之后舔舔

本身就具备猎手气质的猫，在玩得起劲儿时一不小心会咬到主人，而且是一大口！之后它会挪开咬住主人的嘴巴转而去舔舔咬过的部位。你可能会觉得它"在反省"，但实际上一旦进入狩猎模式，猫是不会轻易回到正常模式的。之所以舔你，是想要尝尝猎物的味道。若是放任不

管由着它继续下去的话，很有可能会再咬你一口！所以，平时就要让它养成不把主人的手当逗猫棒玩耍的习惯。

为你舔去泪水

你是在安慰我吗？

当你哭泣的时候，仿佛想要安慰你一般，爱猫们会过来舔去你脸颊上的泪水。很遗憾，猫其实并不能理解人类那复杂的心情，只是无意中看到了主人不同往常的表现而过来一探究竟，心想"发生什么事了呢"，看到主人脸颊上有水流下来，就想尝尝……

预备知识 / 面部表情 / 姿态 / 尾巴 / 睡姿 / 怪异姿态 / 叫声 / 动作 / 怪异举动Q&A

【 刨啊刨 】

用前爪刨猫砂的动作。猫排泄后本能地就会做这样的动作。

基本含义　　为了消除自己的味道而盖上猫砂

在自己的地盘排泄，容易被别的动物通过粪便和尿液的气味知道自己的所在地，这对猫来说是十分不利的。为此，它们会用砂土将排泄物盖住，这其实是它们本能的行为。但没什么戒备心的现代猫基本上已经丧失了这项本能。在同时饲养多只猫的情况下，弱势的猫还是会孜孜不倦地用猫砂去掩盖自己的排泄物，而强势的猫则因为无所畏惧而不会采取任何措施。

※ 关于猫的领地及其与排泄物的关系，参照第122页。

其他含义

上完厕所后在没有猫砂的地方刨来刨去

这个所谓的本能严格意义上说并不是指刨猫砂的行为,而是指刨猫砂的动作。在久远的野生时代,这本来只是为了"隐藏排泄物"而已,现在却在不知不觉间演变成了刨猫砂。实际上,很多情况下和刨猫砂并没有直接联系。在厕所旁边的墙壁上或是在厕所外的地板上刨呀刨的,这些对人类来说毫无意义的事情,它们可都是很认真地在做呀。

在猫粮周围刨来刨去

猫有时候不吃猫粮,却会在猫粮周围刨来刨去。其实这并不是在说"我讨厌吃这样的东西",而是想说"我现在还不想吃,先埋起来吧,要吃的时候再来拿"。而且,有时候就算不是真的有东西要埋,光是埋东西的动作就能让它们无比满足。

在不熟悉的东西周围刨来刨去

对于不常见的东西,猫有时候也会在它们的周围做刨猫砂的动作。特别是像咖啡、茶这些味道比较浓郁的东西。对嗅觉灵敏的猫来说,它们可能会觉得"这什么东西,这么难闻,埋了吧"。总之,它们会对不入眼的东西以及味道难闻的东西做刨猫砂的动作。

猫介意某些气味,在桌子上刨来刨去。

桌上放的茶太难闻了,正在做刨猫砂的动作。

预备知识　面部表情　姿态　尾巴　睡姿　怪异姿态　叫声　动作　怪异举动Q&A

【盯着看】

凝视着某处的动作。猫在对什么事物产生兴趣时瞳孔会变大，通过瞳孔也能一定程度上读懂猫的心情。

 ## 基本含义

盯着自己在意的事物

怀着兴奋和期待的心情观察对方，或者对不明物体感到疑惑警戒，总之就是盯着在意的事物。兴奋时瞳孔放大，听觉或触觉等极其敏感，耳朵、体毛也朝向前方。如果兴趣消失就会表情放松，并从鼻子叹出一口气。

其他含义

想和主人四目相对

猫只会和亲近的人对视。对猫来说，和不认识的人四目相对就意味着要打架，所以它们一般不这么干。一直盯着主人看，希望主人也看向自己，这是猫和主人亲近的表现。这样做的时候，猫的瞳孔会忽大忽小。想吃饭的时候它们也会这样"满含期待"地看着你。

一动不动地盯着窗外

猫要是一动不动地凝视窗外，主人可能会认为它是想去外面了。但是，对一次也没有出过的猫来说，外面不是自己的地盘。对于不是自己地盘的地方，它们是不会想要去的。之所以盯着窗外看，其实只是在看行人和空中的飞鸟来打发时间而已。但只要出去过一次，它们就会认为外面也是自己的地盘，会为了巡视领地而伺机逃脱。

盯着什么也没有的地方看

猫有时候会一直盯着某个方向看。当人朝那个方向望去的时候却什么都看不到。难道是有幽灵吗？多恐怖啊！其实不需要担心，它们不是在看着什么而是在"听"。猫能够听到人类听不到的超声波。听到自己在意的声音时就会将耳朵朝向那边，所以人类会以为它们是在凝视什么东西。

盯着电视或电脑看

之所以盯着电视、电脑看，是因为对画面中动的东西产生了兴趣。猫咪尤其热衷动物类或是体育类节目。也有些猫会用前肢去抓电视中在动的动物或是电脑中的光标。但无论猫怎样努力依旧不能抓住画面中的东西，重复多次之后，猫就会意识到"好像有些蹊跷"，甚至会依稀明白这其实只是"虚像"，从而彻底失去兴趣。

目不转睛

101

【磨呀磨】

磨爪子的动作。但其实并不是磨，而是想剥去表面老旧的那层皮。要是它们在墙壁、家具上磨就不得了了，锋利的爪子会刮伤墙壁、家具的。

基本含义

除了修整爪子还有标记的含义

猫磨爪子有三种含义。其中之一就是使爪子保持锐利，既有利于登高，在同敌人打架时锐利的爪子也是不可或缺的。第二就是标记，猫腿的内侧有臭腺，磨爪子能够留下气味。野猫会摩擦树干等，此时猫尽可能拉伸身体在较高位置留下爪印。之所以这样，是为了向对手表明"看我身体是不是很强壮"。第三就是消遣放松，心情忧郁时也会这样做以使自己放松。

其他含义

吸引主人注意时也会磨爪子

故意在主人面前捣乱，这就是想要吸引主人注意，巴不得你凶它说"怎么又这样"。当然，有些猫你越凶它越强势。

[后爪的指甲通过嘴咬来修整]

我们见过猫磨前爪上的指甲，但却没见过它们磨后爪上的指甲。对于后爪，它们是像照片中展示的那样用牙齿咬掉那层旧皮。

【挠啊挠】

用后爪挠耳朵或下巴的动作。因为猫身体柔软，所以在这个姿势中后爪也能当"手"用。

 基本含义

舌头舔不到的地方就用爪子代劳

猫会用自己的前爪或后爪代替舌头梳理舔不到的脖子以上部位的毛发。为了不使娇嫩的脸受到伤害，它们会非常仔细地用前爪清洗脸部，用后爪挠下巴下方，或在耳朵痒时去挠耳朵。但似乎一些细微的部位即使是用后爪也很难梳理，所以当人帮忙挠下巴和耳朵时，它们就会露出一副非常满足的表情。猫与同伴间也会互相帮忙舔自己难以舔到的部位。

 其他含义

挠下巴时，它们的后腿会动哦

当人挠猫的下巴或是耳朵时，它们会轻轻地抖动后腿。在猫的世界里，"耳朵或下巴受到刺激时觉得非常舒服"相当于"自己正在用后爪挠"。可能是因为一开始就记住了这样的关系，所以像条件反射一般不由自主地动了起来。也有些猫会在人抚摸它们身体时去舔舔地板，兴许它们原本就打算自己去舔。

好舒服！

103

【咬啊咬】

猫用嘴巴咬的动作。如果猫用它那锋利的牙齿（犬齿）狠狠地咬住对方，其杀伤力可是巨大的。

猫的牙齿相关

切齿 犬齿 犬齿 切齿 臼齿

猫总计有 30 颗牙齿。在出生后的 4~7 个月，乳齿会替换为恒齿。

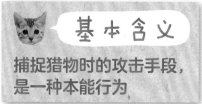

基本含义

捕捉猎物时的攻击手段，是一种本能行为

猫逮到猎物时会咬住猎物的脖颈，用锋利的牙咬住对方要害，给出致命一击。它们"想咬住某物"的本能是无法回避的。对于那些有咬人癖好的猫，我们不是要它们戒掉咬人的行为，而是要把它们咬的对象从人转到玩具上去。它们玩的时候千万不要用手脚去逗弄，要让它们尽情地咬玩具，释放精力。另外，它们也会在其他情况下做这个动作，比方说，偶尔会非常温柔地轻咬一下它们觉得亲密的人，或是当人类给它们梳毛时轻轻地咬一下人类的皮肤，这些都不算攻击行为。

其他含义

公猫突然咬人

公猫在和母猫交配时会咬母猫的脖颈。如果公猫突然咬你，很有可能是把你当成它的恋人了。那时咬的威力不会像咬住猎物那般强劲。顺便说一下，好像是信息素的原因，公猫在很多时候会被女性吸引。另外，只是为了表示"我想玩儿"之类的心情而咬过来的情况也是有的。这个时候母猫也不例外。

阿呜

【 猫拳 】

猫用前肢拍打的动作，也就是所谓的"猫拳"。以一种极快的速度出击，有时能够连续出招数次。

基本含义

猫拳是打架初期的攻击手段

猫拳是与敌人打架时的攻击手段之一。"咬"和"踢"这两项技能在非紧贴敌人的情况下是使不出来的，而猫拳就能在和敌人稍微有点距离时仍然有效，因此也是打架时的最初手段。小猫在出生后的1~2个月就开始在玩的时候出拳了。把玩具当成猎物，或是小心观察陌生事物时，它们都会用前肢去拍目标物体。

有猫拳，却没有狗拳

既能打猫拳，又能用前爪开门和关门，猫很擅长利用自己的前爪。但狗却不具备这种技能，其原因就是狗基本没有"锁骨"。锁骨不发达，左右爪无法分别灵活运动，从而无法使用工具。并且，狗不会只用前爪捕捉或触碰猎物。狗是勇猛派，在捕猎时直接用嘴咬住猎物，并用鼻子嗅气味。所以，狗会有鼻子被仙人掌刺的情况。猫则是谨慎派，行动前会用前爪触碰未知事物，观察其反应。

预备知识

面部表情

姿态

尾巴

睡姿

怪异姿态

叫声

动作

怪异举动Q&A

【踢呀踢】

用后腿踢的动作，俗称"猫踢"。它们虽然身躯娇小，但猫踢却是一种颇具威力的攻击手段。

基本含义 猫与猫打架时最强的攻击手段

猫踢是猫咪攻击手段中最具力量的一招。从猫跳跃的力道就可以看出它们后腿的力量非常强。连续使出猫踢能将对手牢牢压制住。身躯贴着地面，一边用前爪将对手抱住一边踢出爆炸式的一击。在玩玩具时一兴奋就会觉得自己是在打架，从而对玩具也来上一脚。

兴奋起来

我踢！

【摇尾巴】

摇摆尾巴的动作。猫在瞄准猎物，扑向猎物之前会做这个动作。有时候也会对玩具或是人类做这样的动作。

 基本含义

为使对手一招毙命而调整攻击的位置

猫在狩猎时，为了不让对方发现自己，会放低身体重心，慢慢靠近，锁定目标后一鼓作气扑过去。在此之前，为了调整跳跃方向、抓住进攻时机而紧张地轮番抖动后腿，看上去像是在摇摆尾巴。顺带一提，在野生时代，它们能够隐藏在草丛中慢慢接近对手；而生活在家里或大街上的现代猫，再怎么降低身体重心，它们的身影也会展露无遗。即使不能达到本来的目的，但"降低身体重心"这个行为仍被保留了下来。

猫狩猎的方法

最大限度地靠近猎物、锁定目标。在扑向猎物前会抖动尾巴！

朝着猎物跳过去！此时，后腿不离开地面。

用前肢捕获猎物。可惜这次让它跑了。

【微微颤动】

睡觉时，身体会轻微晃动。许多猫主人以为猫咪生病了，会带它去宠物医院看医生。

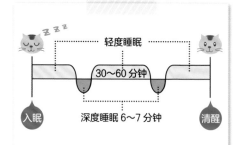

基本含义

这是健康的睡眠状态，有些猫还会说梦话

人类在睡觉时，会有轻度睡眠（身体睡着大脑醒着的状态）和深度睡眠（身体和大脑都处于熟睡状态）两种状态，这两种状态反复交替。轻度睡眠时会做梦，还会讲梦话，动身子。同样地，猫也是轻度睡眠和深度睡眠交替进行的，偶尔会在轻度睡眠时轻微晃动身体。还有一些猫会说梦话，难道是梦到了追赶猎物吗？

猫的睡眠几乎都是脑醒的轻度睡眠。因为在野外生存的猫不知道什么时候会遭受攻击，长时间熟睡是十分危险的。

通过 动作 及 行为

就能了解猫生病或受伤

注意以下动作、行为，避免因疏忽造成猫咪生病

不断摇头

感觉耳朵有异样时，猫会摇摇头或是用爪子挠耳朵，很可能是耳朵里进了虫子、异物或是耳朵里有虱子寄生，也可能是得了外耳炎，这时是有必要去医院治疗的。极少情况下也会因为患脑部疾病而做摇头动作。

有可能的疾病	耳疥癣（耳螨虫）、外耳炎、中耳炎、耳血肿、前庭疾病、异物进入等

不停眨眼

猫不停眨巴眼睛是眼睛不舒服的表现。可能是眼睛里进了异物或是患上了结膜炎之类的疾病。要是放任不管，它们就会用前肢揉搓眼睛从而导致病情恶化，这时就需要套上伊丽莎白项圈（Elizabethan collar），之后请尽快带它们去医院吧。

有可能的疾病	结膜炎、角膜炎、眼睑内翻症、绿内障、过敏、猫感冒、异物进入等

不停地挠自己

即使是日常梳毛，猫也要用上它的四肢。当猫梳毛的频率变高时，就有可能是跳蚤或虱子在作恶。挠得厉害时会损伤皮肤或直接导致脱毛。再者，跳蚤和虱子还会转移到人类身上去，所以还是有必要好好治疗的。当然也有可能是因为特应性皮炎的关系。

有可能的疾病	跳蚤过敏性皮炎、疥癣、耳疥癣（耳螨虫）、过敏性皮炎等

一个劲儿舔身体某部位

这可能是身体的同一部位持续呈现疾病、受伤、过敏的症状。首先，确认猫咪舔的部位是否有炎症或伤口。其次，对于外部无法分辨的内脏器官疾病，猫也会舔疼痛部位。如果舔多了导致脱毛，这可就是重症了。

有可能的疾病	皮肤疾病、膀胱炎、尿石症、肛门炎、肠炎、胰脏炎、过敏等

呕吐

　　各种疾病常见的症状就是呕吐。除了胃肠疾病导致吐吐外，肾脏疾病等也会引起呕吐。有的症状是吐了一次之后病恹恹的，但也有一天吐好几次，并且伴有发热、拉肚子等其他症状，此时，生病的可能性极大。需要去宠物医院就医，尽快查明原因。

有可能的疾病	胃肠炎、肠堵塞、腹膜炎、肾亏、肝病、糖尿病、癌症等

想吐却吐不出来

　　总是有想吐的感觉，但又吐不出来，或者只能吐出白色的胃液，这就有可能是吞食异物导致的。应及时就医，严重了还需要做开腹手术。并且，即使吐不出来，也有可能是其他疾病导致它想吐。

有可能的疾病	胃肠炎、肠堵塞、腹膜炎、肾亏、肝病、糖尿病、癌症等

频繁如厕，上厕所时极为用力

　　猫最容易感染泌尿器官疾病，如发现此类行为应多加留意。首先，最有可能的就是尿石症。尿液内的矿物质成分结晶化变成结石，导致尿道堵塞，无法正常小便。难以排便自然频繁去厕所，用尽全力才能憋出来。如果一整天不排尿就有可能出现生命危险，应及时就医。而且，这种情况较多发生在阉割过的公猫身上。

有可能的疾病	尿石症、膀胱炎、便秘、巨大结肠炎、腹泻、前列腺肥大等

以下症状需要注意！

●小便呈红色

尿石症或膀胱炎导致尿路损伤，引起出血。需要及时就医。

●小便中带有发亮异物

发亮异物是尿结石，也就是出现了尿石症，需要采取饮食疗法。

在猫砂盆以外的地方小便

　　爱猫如果在排泄时感到疼痛，它可能就不会在猫砂盆排泄。具体来说，有可能是患了尿结石、膀胱炎等。这种情况下，猫会出现血尿、腹痛等症状，应及时送到宠物医院。

有可能的疾病	尿结石、膀胱炎、焦虑等

用嘴呼吸

　　用嘴呼吸，或者呼吸急促，发出呼哧呼哧的声音等，这些都是危险信号。猫以站立姿势挺胸呼吸，是因为侧躺着会压迫胸部。此时也可能会出现肺炎、胸部积水、化脓等症状。这些情况大多伴随发热，在高温环境下更容易恶化，应转移至凉爽、安静的位置，并及时送到宠物医院。

有可能的疾病	肺炎、气胸、胸部化脓、心脏疾病、猫感冒、中暑、中毒等

打喷嚏

　　鼻黏膜受到刺激，就会打喷嚏。气温变化、鼻腔进入灰尘等情况下，打一两次喷嚏是正常的生理现象。但是，打好几次喷嚏，或者伴随出现流鼻水，眼泪，眼屎过多等症状时，就是疾病的信号。应尽早医治，避免症状变得严重。如未及时医治，可能导致后遗症。

有可能的疾病	猫感冒、鼻炎、副鼻腔炎等

咳嗽

　　猫一般不会咳嗽。如果反复咳嗽，明显就是生病的症状。咳嗽也分几种，喘粗气的咳嗽就是气管产生炎症、有痰；如果是干咳，就是肺部出现异常。如果一直咳不停，咳嗽的冲击会造成胸腔穿孔，从而导致气胸、胸部脓肿。所以，出现上述几种情况应及时医治。

有可能的疾病	猫感冒、支气管炎、支气管哮喘、肺炎、心脏疾病、丝虫病等

暴饮暴食

猫咪食欲好容易被误解成非常健康，其实也有可能是疾病导致食欲大增。特别是年龄大的猫，吃得多却依然很瘦，可能是甲状腺激素分泌过多导致。这就需要进一步进行血液检查。此外，也有可能是寄生虫作祟，营养都被夺走了。应及时确认食量、体重，出现异常尽快医治。

有可能的疾病	甲亢、糖尿病、寄生虫等

大量喝水

为了保证猫身体健康，平时需要掌握它的饮水量。如果饮水量异常增加，可能就是生病了。最有可能的是慢性肾亏，肾脏功能衰弱会排出过多尿液，进而需要补充更多水分。主要症状就是多喝多尿，也就是慢性肾亏。平常应对猫的饮水量及排尿量多加关注。

有可能的疾病	肾亏、糖尿病、子宫脓肿、甲亢等

在昏暗的地方自己待着

动物感到不舒服的时候，就会在安静的地方等待帮助。如果一直待在昏暗的地方，很可能是生病或受伤了。以防万一，应尽早带去动物医院医治。

对喜欢的食物都不感兴趣的时候需要引起注意了

对平常喜欢吃的东西或喜爱的玩具等没有反应，这就是健康出现问题的证据。为免症状变得严重，应及早医治。

猫是一种会隐藏疾病和伤痛的动物

野外环境下，让天敌发现自己的虚弱状态就会遭遇危险。因此，动物不想让人看到自己软弱的一面也是本能。有时候主人未及时发现，从而导致情况恶化。为了避免出现无法挽回的局面，平常就应留意猫的举动。

怪异举动

Q & A

前面已经介绍过猫语的基础，但还有很多行为让人感到不解。
接下来，针对具体情况进行回答。

饮食篇

Question Q 为什么对便宜的肉、鱼等看都不看，只吃贵的？

Answer A 因为是很重要的营养来源，所以自然对肉或鱼的好坏十分敏感

人类最需要的营养元素是碳水化合物，而对猫来说最重要的却是蛋白质。对食肉动物来说这也是理所当然的事。构成蛋白质的是氨基酸，据说猫能够以敏锐的嗅觉分辨出优质的氨基酸。也就是说，它们能分辨作为最重要营养来源的肉和鱼的品质好坏（是否美味），自然就会喜欢价格贵的食物。在野外环境中吃腐烂的肉是会致命的，所以猫的嗅觉才会如此发达。但就算猫再怎么想吃，也要注意喂食的方法。有些海鲜河鲜生吃会有害健康，在喂食之前一定要好好检查。

只是粗略地闻了一下味道，猫就掉转目标了，它们的嗅觉敏锐度可见一斑。只吃美味的鱼和肉，不是因为奢侈，而是更追求品质。

Question Q 为什么总是从食物的左边开始吃？

Answer A 可能是幼时养成的习惯

猫小时候养成的习惯在长大之后还会一直保留着。就算是人类看来一点意义都没有的习惯也是一样。比方说图中这只猫，可能小的时候因为和兄弟姐妹们一起吃饭时总是站在左边，它记住了"食物是要从左边开始吃的"，而在之后的日子里也养成了这样的习惯。

Q 为什么听到"吃饭" 就会舔舌头？

想到了美味食物

猫咪对食物的事情很敏感，所以对"吃饭"这个词自然也很敏感。所以，主人每次对猫咪说"吃饭了"，它肯定会赶快跑来。而且，每当听到这个词，猫咪的脑海中就会出现吃饭的情景。如同"望梅止渴"，人想到食物也会舔舌头。猫吃完饭之后也会舔嘴巴周围，这都是习惯动作。

Q 为什么总是将形状酷似老鼠的玩具放到盘子中？

有种在吃抓到的猎物的感觉

本来想抓老鼠当饭吃，但实际上吃的却是猫粮，只不过"氛围"很像哦。还有些猫是在咕叽咕叽咀嚼过老鼠玩具之后才吃饭的。至于野猫，它们屏气逼近锁定的目标、出色抓获猎物后，在兴奋之情未冷却前吃掉猎物是很有成就感的。如今家猫都有主人喂食，所以比较缺乏这方面的满足感。如果不是在玩了一会儿玩具之后，对它们说"来吃饭吧"，它们也是提不起劲儿吃饭的。对

付那样的猫，吃饭之前先用逗猫棒让它尽情玩会儿，之后它就会兴冲冲地去吃饭了。

右侧栏：预备知识　面部表情　姿态　尾巴　睡姿　怪异姿态　叫声　动作　怪异举动 Q&A

115

Question Q 为什么主人坐到餐桌前时猫也会一起坐下来？

摆出一副"理所当然"的表情坐在椅子上的猫。就像是在等着上餐一般。因为很多猫会直接跳到桌子上去，所以仅仅从它坐在椅子上这一点来看，还是懂点礼仪的。

是对吃的感兴趣，还是自己想参与其中

多数猫看到桌上摆着丰盛的食物都会逮着机会偷吃吧。特别是曾经上桌吃过的猫，它们会牢牢记住那次经历，想着"可能还会吃到吧"，翘首以盼下一次机会。但又害怕自己伸手去拿时会被主人骂，就这么一直忍着、看着。

也有些猫非猫粮不吃，对人类的食物毫无兴趣，但又因为人类吃饭时不太搭理自己，所以它们会找一个最佳位置观察主人吃饭。而且，当小猫看到自己的兄弟姐妹在做些什么的时候，也会喵叫着"我也要、我也要"，想要插上一脚。可能就是这样的原因，它们才会在主人们吃饭时也想要加入进来吧。

猫也有"左撇子"吗？

因为猫并不像人类会使用筷子和笔等工具，所以准确来说并没有"左撇子""右撇子"这样的说法，只能说是哪只爪比较好使吧。据说，从容器中拿取东西的时候，很多母猫会用右爪，而公猫往往更偏向用左爪。听说马也会有类似的个体差异，起跑时先迈哪一只脚会有不同。

那你的爱猫在玩玩具、出猫拳或是用前肢做什么的时候先出哪只爪呢？让我们来观察一下吧。

这是一只在拿取食物时一定出左爪的猫，而且它是公的。果然公猫都是左撇子吗？！

Question Q 为什么总是想喝一些奇怪地方的水?

Answer A← 猫咪喜欢流动的水和积水

你明明给爱猫准备了猫用饮用水，它们却还要去喝一些奇怪地方的水……想想都有些不可思议啊。这可以用以下几个理由解释。首先，你应该也注意到了，猫喜欢喝水龙头出来的水其实是对闪烁着光芒的流水产生了兴趣，抱着一种玩耍一样的心情。有些猫经常喝自动饮水机的水也是同样的道理。想喝花瓶中的水的猫，可能是觉得放了一段时间后不带漂白粉的水很好喝吧。对这样的猫，你就算给它凉白开，估计也是很喜欢喝的吧。

马桶

洗脸池

水龙头

喝马桶水的猫，喝脸盆里的水的猫，喝洗漱台水龙头水的猫。猫喝水的喜好还真是各种各样啊。

Question Q 为什么喜欢用前肢掬水喝?

脑袋伸不进杯子里，聪明的猫就会用前肢掬水喝。

Answer A← 比起想喝水，更像在玩耍

猫经常会用前肢去戳自己感兴趣的东西。戳戳水会发现一些不太寻常的动静，这对猫来说可能是一个颇具趣味的游戏。当然，因为前肢会变湿，所以它们会舔掉爪子上的水。说它在喝水，倒不如说它是在玩耍吧。

如厕篇

刚打扫完猫砂盆就会过来小便

好不容易洗干净，立马就开始尿了，还真是有点麻烦！

Answer
A

猫咪想把这里标记为自己的地盘

厕所是猫的超私密空间。主人将其拾掇干净，这对领地意识极为强烈的猫来说就像是自己的领地遭到了破坏，它们会变得极为在意。因此，它们会马上小便，就像要立刻做好标记来说明"这是我的地盘"一样，并不是故意让人不痛快的。虽说是这样，但要是因此而疏于打扫猫砂盆也是行不通的。它可能会觉得不干净而到猫砂盆以外的地方排泄，请一定要注意。

Question
Q
明明没有排泄，为什么一个劲玩猫砂？

Answer
A

猫咪喜欢形态自由的猫砂

仅用前爪就能轻松将猫砂塑造成各种形态，猫觉得很有趣。还有沙沙的声音，也能勾起猫的好奇心。所以，没见过太多事物的家猫都喜欢这种游戏。猫喜欢玩水也是同样的道理，它们都对动态事物感兴趣。

Q 如厕前后为何都要闹腾一番?

A 在野生时代,排泄是危险的行为

如厕前后,很多猫会在家中吧嗒吧嗒到处乱跑。这是它们残留的野性在作祟。野生时代,猫会在离猫窝有一定距离的地方排泄。从猫窝出来前往排泄场所的途中可能会碰到敌人,所以还是比较危险的。而且,排泄期间特别容易被袭击,就连回家的路也是十分凶险的。要是想排泄的话还是需要鼓起极大的勇气的。"好嘞!我要拉了",猫一这样想就不由得紧张了起来。然而,在安全的家里用猫砂盆排泄是没有任何危险的,没办法,只能说这是它们残留的本能在作祟。

Q 为什么猫砂盆脏了它会不开心?

A 谁把厕所弄脏了

之所以生气,并不是怪你打扫不及时,毕竟猫咪联想不到这么多事情,而是因为感受到其他猫咪的气味,提起了警戒心。其他猫的排泄物当然不能放过,然而,就算是自己的排泄物经过一段时间不清理也会变质、变味。

Q 为什么会在猫砂盆以外的地方乱撒尿?

A 是猫砂盆有问题吗? 还是说猫生病了?

到处撒尿有很多原因。一个是厕所本身有问题。当排泄物堆积又脏又乱,使用起来不舒服,或者它们不喜欢猫砂的触感时就不再使用猫砂盆了。另一个原因可能是生病了,疾病导致它们变得无法控制排泄行为。还有可能是心理上的问题。上厕所时听到了很大的声音,或者陌生人出现在家中造成压力过大而变得没办法正常上厕所了。不管怎样,还是有必要弄清原因对症下药的。要是认为它们生病了,那就带它们去兽医那里检查一下吧,咨询过医生会更放心。

猫砂盆不干净就会造成这样的悲剧

憋尿导致疼痛参考第110页。

猫咪不会勉强自己在不干净的猫砂盆里如厕。或者在其他地方便便,或者忍着,经常忍便便甚至会导致猫生病。

Q 为何上厕所时会睡着？

好舒服

安心

A 难道是在有自己味道的地方比较安心吗？

厕所是一个能强烈感受到自己味道的地方。对于刚来到新家还没来得及融入新环境的小猫来说，在能感受到浓浓的自身味道的地方会更安心。再加上猫砂盆边缘较高，让它们有足够的安全感。有些猫在刚换上新猫砂后就会横躺上去，这可能是为了留下自己的味道。也可能是想做沙浴了，猫在野生时代就有这样的习惯。

Q 为什么小便时将腿搭在猫砂盆边缘？

A 或是警戒，或是讨厌猫砂，或是方便走开？

上厕所时总是一条前腿搭在猫砂盆边上的姿势。之所以将腿搭在盆边上是因为讨厌脚上沾猫砂吧。将前腿和一条后腿又搭在猫砂盆边上，看上去有些不稳，真的没关系吗？将两条前腿搭在边上，身体前倾到外面，莫非将下半身拉直有助于排泄？也要注意抬尾巴的方式啊。还有些猫竟然将四条腿全部搭在了边上，巧妙地获取平衡，真是聪明啊！

搭一条前腿

搭两条腿

搭三条腿

搭上所有腿

121

Q 为什么有些猫在上完厕所后要用猫砂掩埋，而有些猫却不会？

有些猫故意不想掩埋！

右图为野生猫的地盘图。在野外，猫为了不让天敌知道自己的窝在哪里，会用沙子或土将自己的排泄物掩埋。猫的窝必须极其隐蔽，不能让其他动物知道。当然，有些强势的猫为了在狩猎区域宣示自己的地盘，会故意不隐藏自己的排泄物。而且，为了同其他猫竞争，需要宣告自己"很强"。

所以，猫并不是一定要掩埋排泄物。是否掩埋取决于在什么地方排泄。也就是说，在自己的地盘会掩埋排泄物，在狩猎区域就不会掩埋排泄物。

野生猫

在狩猎区域不会掩埋排泄物。留下气味是为了向其他猫宣示主权。

嗅其他猫的气味，收集信息。

三只猫的共有区域

B 猫的狩猎区域

狩猎区域重合也不想碰面。

猫咪察觉到其他猫的气味之后，自己也会留下气味。

野生猫每隔三四天就会巡视自己的领地。

122

A. 跟是否将自己当成领头猫有关

用猫砂掩埋带有自身气味的排泄物是为了不暴露自己的所在。然而，领头猫本来就无所畏惧，为了炫耀自己的气味更不会掩埋排泄物，反而直接将其置于醒目的位置。也就是说，不用猫砂掩埋的猫是将自己当成了老大。相反地，经常掩埋的猫是觉得有其他的领头猫在附近，而自己只是它们的小弟而已。一般来说，家猫是把主人当成老大来看待的，掩埋也是理所当然。（呃……也就是说不掩埋的猫是把主人当成自己的小弟吗？）同时饲养很多只猫时，猫会根据自身条件来决定到底要不要用猫砂掩埋排泄物。

的地盘

Ⓐ猫的狩猎区域

自己的地盘不让其他猫进来。

フヮー！

爪印也是标记。

Ⓐ猫的地盘

排泄物掩埋好，避免其他动物知道是自己的地盘。

Ⓒ猫的狩猎区域

排泄物不只是为了排泄，还有标记的作用。大便和小便相比，当然是小便更容易标记，特别是喷射（右上图）就是强烈的标记行为，喷射尿液的气味比普通尿液更重，野外环境下这种尿液会附着在叶片背面，可长时间散发气味。

屁股朝着目标物体，喷射尿液标记。

是否掩盖气味还要看心情！

为什么清理猫砂盆的时候猫会来捣乱?

并不是为了捣乱,只是好玩而已!

幼猫会模仿母猫或其他兄弟姐妹的习性。母猫走到哪里,它们就会跟到哪里,兄弟姐妹去爬树,它们也会跟着爬树。在模仿中学习自立能力,慢慢成长。当然,如果家里只有一只猫,它就会模仿主人的行为。主人在清理猫砂,它也学着用爪子清理猫砂。当然,有些猫会在你清理的时候尿尿,因为它认为你是在尿尿,也是想要学你。

为什么主人一吃饭它就开始便便?

这样就能吸引主人注意了

对于爱撒娇的猫来说,主人吃饭的时间它会感觉无聊。如果在你吃饭的时候便便,你肯定会对猫说"臭死了",或许猫认为这种行为能吸引你的关注。也有可能主人每天吃饭时间同它排便时间一致,只是偶然巧合而已。

居住场所篇

为什么总是跑到洗衣机里面去呢?

钻到洗衣机里面的猫!要是猫经常钻进洗衣机里,那洗衣机里就会积存大量的猫毛。所以在洗衣服之前最好将里面的毛都清理干净,这样就能降低衣物粘毛的概率了。

洗衣结束之后,洗衣机里面总是散发一股异样的味道,这也会勾起猫的好奇心。

Answer
A 因为又窄又昏暗……它们喜欢这样的感觉

很多猫主人都有这样的经历,要洗衣服时会发现爱猫正在里面。因为猫在野外时会将树洞、岩洞这些刚好能钻进去的空间作为自己的窝,所以即使到了现代,它们待在那样大小的空间里也会觉得特别舒心。而且,洗衣机在转动时,本来静止的东西会突然发出声音,又是摇又是晃

的,这些对猫来说都是不可思议的事情,令它们非常好奇。有些猫还会用它们的前肢碰洗衣机。再者,它们一定是在盖子开着的时候才会进去。因为平时进不去,所以才会在盖子敞开的时候想立马跳到里面去观察一下吧。

Answer
A 因为很暖和、很高……猫喜欢这样的感觉

猫喜欢待在电视、电脑之类的家电上。喜欢家电是因为使用中的家电很温暖，想要暖和一些的猫就会跑到家电上取暖。另外，暖炉等家电的放置位置比周遭要高，它们喜欢高一点的地方。身居高处时视野比较开阔，一旦有什么情况也能够马上察觉，所以会比较安心。而有些猫之所以会在主人使用电脑时想要蹿到电脑上去，极有可能是想要引起主人的注意吧。

在暖炉上占地盘的猫，"够高，温度也刚好，喵"。

趴在电脑上的猫，仿佛在说"你倒是理理我呀"。

电饭锅上也很暖和，且方便猫站立。不仅如此，它还能陪着你做饭。

在微波炉中休养生息！和上文洗衣机是同样的道理，因为是昏暗狭窄的空间，它们觉得待在里面非常安心。

Q 为什么喜欢钻进塑料袋中？

A 喜欢体验自然界中没有的触感及声音

　　猫喜欢待在盒子里，也喜欢钻进塑料袋中。纸袋、塑料袋、手袋等，什么袋子它们都想钻进去看看。其中塑料袋不仅能钻进去当窝，还能玩躲猫猫游戏。而且，塑料袋滋啦滋啦的声音频率较高，它们很喜欢，或许是因为同枯叶的声音很像。还有些猫喜欢啃咬塑料袋，咬到破破烂烂才开心，但塑料袋的碎片也有可能被它吃进肚子里，要小心出现危险。

Q 为什么喜欢待在边边角角上？

A 难道说角落是最有利的位置？！

　　很想问那些喜欢窝在角落的猫，"你们为什么就不能堂堂正正地待在中央呢"。事实上，待在地毯边上是因为方便很多。感觉热就可以马上到地板上去，而且身处高台的边能够很清楚地看到地面上所发生的一切，万一发生什么事也能立马回到地面。所以，相较于中间位置，角落更能令猫心安。人类也一样，宽敞房间中的角落让人有种说不出的安心。因为不用太担心自己的背后会发生什么情况，不是吗？

端坐在地毯边上的猫。好想问它们："为什么要特意坐在那样一个地方呢？"

喜欢的游戏 篇

Q 喜欢叼着布偶走来走去是怎么回事?

A 以为自己在搬运猎物或小猫

猫会叼着猎物四处走。早在布偶出现之前,它们就有将捕获的猎物带回猫窝的习惯。此外,它们还会衔着自己的孩子走来走去。要是它们非常小心地叼着一个布偶走过,之后还像梳理毛发一般对布偶舔来舔去,说明它们将布偶当成了自己的孩子。

紧紧抱住布偶的猫,是不是将它当作自己的宝宝啦?

母性本能的表现!

Q 有很多玩具,但为啥只玩固定的那几个?

A 比较喜欢沾染了自己气味的玩具

虽然给它们买了新玩具,但还是有很多猫更倾向于玩旧玩具。人类的小孩也是,如果他们一直在玩的玩具不在身边,就会躁动不安。同样,有些猫也会觉得旧玩具更能让自己安心。可能是因为附着了自己体味的东西更能让它们身心放松吧。顺带一提,猫是活在缺少鲜

我要玩这个!

艳色彩的世界中的动物,就算你给它买彩色的玩具,对猫来说也是没有多大意义的。

好像很中意餐巾纸盒？

这对猫来说可是怎么都玩不腻的玩具之一

餐巾纸盒于猫而言可是魅力无穷的。首先，它的大小刚好能让小猫将身体完全嵌进去，而高度又能让成年猫恰好将下巴枕在上面。再者，纸巾盒本身也不是太硬，可供猫咪撕咬和破坏，而盒子里面就放着柔软的纸，它们可以将餐巾纸拉扯出来随意玩耍。就是这么神奇的一个东西！是不是也有很多猫主人因爱猫三番两次拿餐巾纸盒搞恶作剧而叹息连连呢？对猫来说这可不是恶作剧哟，它们只是觉得非常好玩而已，请不要一味责备它们。可以将餐巾纸盒放到它们够不到的地方。

为什么喜欢狩猎游戏？

天性如此

喜欢狩猎游戏是猫咪的天性，它们享受这种接近猎物的感觉。根据猎物（此时就是人）的动作，猫一动不动，怕你发现，这就是它的本能。所以说，猫身上保留了很多野生习性。

时不时从隐蔽地方探出小脑袋，是不是在观察敌情？

START 开始狩猎 喵♪ 喵

喵！ 狩猎啦 喵

喵♪ 狩猎啦 喵

啪答 狩猎啦 喵喵

我的猫
是笨蛋？
篇

为什么会将脑袋塞进袋子里？取都取不下来！

野外环境下自然有办法取下

　　自然界中，并没有能够塞入猫咪脑袋的袋状物体。能够塞入脑袋的只有岩洞、树洞之类，但这种情况下脑袋即使被卡住，也能凭借四肢用力摆脱出来。

　　也就是说，被袋子套住脑袋摆脱不掉也是猫的野性表现之一。眼前一片漆黑，还以为这里是岩洞。不过，有的猫适应家

养生活，已经学会用前爪拨弄着取下袋子。适应环境，这也是猫的智慧。每当看到猫这样挣扎时，场面都会非常滑稽。

被小盒子卡住逃不出来

为什么会这样？

　　钻箱子同样是猫的本能，但钻进小盒子中摆脱不了可能是丧失了野生本能。如果在自然环境中，脑袋塞进岩石缝等拔不出来可是会造成生命危险的。所以，野猫会先确认洞口大小，小心翼翼行动。如果出现这种情况，肯定是家养的猫。

身体套入啤酒包装盒中，满脸无奈。这样可是寸步难移哦！

靠取暖器太近烤焦自己的毛发，这猫是不是傻了？

实际上除了鼻子和肉垫以外，其他部位对温度都比较迟钝

取暖器居然能将猫的毛发烧焦，猫的感官这么迟钝吗？让人百思不得其解。其实猫的身体中露出皮肤的鼻子和肉垫对温度非常敏感，能够感受到人类难以分辨的微妙温度。但是，被毛发覆盖的部分对温度非常迟钝，冬天容易被灼伤。

自己爬上去为什么无法下来？

下去太难了

小猫在树上或电线杆上下不来，甚至求助消防员的情况也是时有发生。实际上，猫的身体适合爬树，但下来却很困难。爬上去只要用爪子钩住就能轻松完成，下来的时候爪子会打滑，它们甚至不敢用眼睛确认下面的状况，比爬上去的时候更害怕。

有的动物可以头部朝下顺利下来，但猫头部朝下爪子就没办法用力了，反而会打滑。

Question Q 拎起小猫的后脖子，四肢收缩就是聪明的猫，伸开不动就是笨猫？

Answer A 四肢伸开也不是笨猫！

母猫想要带走幼猫时，就会叼起幼猫的后脖子。我们拎起幼猫的后脖子也是同样情况。这时，有的猫会收缩四肢，有的猫则四肢保持挺直。其实，这只是猫咪的"习惯"。不习惯被叼起的幼猫因为紧张会缩起四肢，多经历几次就会放松伸展。所以，这并不是猫"聪明"或"笨"的表现。

真正的笨猫是被叼起来也不老实，总想挣脱束缚的那些。如果在被母猫叼起的状态下随意乱动，反而有掉落等危险。因此，猫的习性就是被叼起或拎起后脖子时会乖乖顺从。

绷紧！

舒展

想要带走幼猫的母猫。趁着幼猫没有跑开，赶紧叼起。

拎起猫的后脖子它就会老实

左图为正在交配的公猫和母猫。公猫交配时，会咬母猫的后脖子。如上所述，因为"拎起猫的后脖子它就会老实"，这样就能让母猫听话不乱来，确保顺利完成交配。所以，这种习性不限于幼猫，成年猫也是有的。如果主人感觉它要做坏事，可以用这个办法对付它。

Question Q 触碰镜子里的自己

Answer A 好奇所以就碰啦

猫第一次从镜子里看到自己会很惊讶或害怕，会用前爪触碰或绕到镜子后面找寻对方。但无论怎么触碰都会感到奇怪，而且没有气味，最终它会明白这只是虚像，也就不再好奇了。看电视的猫也是一样的，刚开始会捕捉电视中的动态影像，但最终也会明白都是徒劳。当然，相比追逐没有实体的影像，它更喜欢同你一起玩耍。

Question Q 被骂之后就会埋起头，只露出屁股

Answer A 脑袋藏起来，但屁股还露在外面啊！

这样一来，感觉自己把自己藏起来了。由于猫自己的视野变得昏暗，所以认为自己完全置身于黑暗之中。即使危机感淡薄的现代猫，也会出现这种行为。野外环境中，猫保持不动就能降低被敌人发现的概率。同样，它以为自己不动你就看不到它，也就不会再骂它了。

想要躲在沙发底下的猫，都露馅了！

啪

养多只猫的
问题 篇

猫咪经常为争夺猫爬架
最顶端而开战

猫爬架顶端可是非常有魅力的地方

喵!

　　猫喜欢高一点的地方，越高的地方，它们待得越气定神闲，所以猫爬架顶端是猫疯抢的一块宝地。因此，很多时候猫爬架顶端这块宝地自然就成了猫界中地位比较高的领头猫的地盘。在强弱关系非常明显时，弱势的猫要敬强势的猫三分，甚至可以说是将地盘拱手相让，自然也无须争抢了。当双方势均力敌时，稍逊几分的一方会向强的一方发起挑战，战争一触即发。

如果养了第二只猫，第一只
猫就会改掉咬人的习惯？

猫原本不好争斗

　　猫不喜欢无意义的争斗，能让就让才是猫的社会准则。例如，阳光好的地方正好位于两只猫地盘的重合部分，它们会刻意错开时间，各自单独享用。比方说，上午A猫优先享用，下午B猫优先享用。

确实可能会改掉

　　猫啃咬的力度，只有在猫与猫玩耍过程中才能掌握。如果没有同其他猫玩耍的经验，就不清楚力度如何。如果养了两只猫，知道痛后就有可能改掉乱咬的习惯。当然，也有可能改不掉。

Q 将自己的饭让给幼猫，却没有血缘关系

A 受到母爱（父爱）本能刺激

猫大体上是独居动物，但母猫们也会共同养育幼猫。给其他猫的孩子哺乳或舔毛发，甚至还会在其他猫生产时帮忙咬断脐带，当自己是"助产妇"。母猫看到幼猫总想照顾它们，而公猫基本不参与育儿。当然，最近研究发现也有雄性的山猫、老虎等出现育儿行为。公猫中是不是也有"家庭妇男"？！

Q 公猫当我是女性，母猫当我是丈夫。这是异性相吸吗？

A 被异性的信息素吸引

基本上，猫都喜欢女性。女性的轻柔声音和温柔动作能够让猫咪舒心，它们讨厌粗鲁的行为。当然，并不是说所有男性都粗鲁，而是猫咪不适应这种男性特征。

此外，猫咪能够嗅出人类的信息素。也就是说，公猫喜欢女性的气味，母猫更偏向于男性的气味。综上所述，最佳搭配就是"女性＋公猫"，其次就是"女性＋母猫"，再者就是"男性＋母猫"，最不配的就是"男性＋公猫"。当然，这只是理论而已，实际也有男主人和公猫相亲相爱的情况。

吃吗？

给我饭吃的人我都喜欢♥

最重要的是接触方式。最实际的关爱才能捕获猫咪的心。

135

Answer

A ← 是否会嫉妒在于社会关系的不同

虽说猫基本都是单独活动，但在同一地区的猫群之间也会形成很松散的社会关系。它的构成很简单，领头猫在最顶层，其他猫都是平等的。有时候领头猫与一般的猫相处也会有拘谨感，它们之间的关系可以说很和平。

另一方面，狗所在的是群居社会，每一只狗都有明确的上下级关系，也会有比较严格的规定，比如下级狗不能忤逆上级狗。对于家狗而言，主人就像领头狗一样。如果主人更疼爱某只下级狗，就会导致失衡，在狗之间产生不公。由此也会导致我们经常看到的欺凌事件。对猫而言，主人就是领头猫或者父母般的存在。如果家里有很多只猫，平等地对待每一只，就不会产生不公平现象。若在疼爱方式上有所偏颇，就会让它们感到不公平。虽说如此，类似"受主人喜爱的那家伙真讨厌，我们一起欺负它吧"，很少有猫会抱有这种感情。它们会想对主人说"也多宠爱下我嘛"。至于错把猫可怜兮兮的眼神当作"冷眼"的主人，应该多了解猫咪的心情。

狗社会和猫社会的不同

狗社会	猫社会
金字塔型	同心圆状

领头狗

以领头狗为顶点严格的上下级关系

领头猫

除了老大之外都是平等的

狗本来就是群居动物，必须有完善的体制。所以，在狗的社会里有像军队那般严格的上下级关系。而猫基本都单独行动，除了领头猫以外都是平等的。领头猫多是未去势的公猫，这样才能赢得其他猫的尊重。

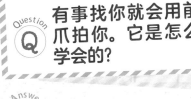

为什么
这样对我?
篇

Question Q 有事找你就会用前爪拍你。它是怎么学会的?

Answer A 刚开始是偶然

　　有的猫你碰碰它,它就回过头来看你。不知不觉,猫也学了人类的这种动作。

　　猫使用前爪按压或拍打就是一种本能。幼猫期吸食母猫奶水时就会用前爪揉搓乳房周围,而对于新鲜的事物或在意的事物会用前爪拍打确认反应。想引起主人注意的时候也会用前爪拍打,主人第一次遇到这种情况或许会感到惊讶。比如肚子饿了,想让你给它吃的,这时候就会拍拍你引起你的注意。也就是说,猫会在生活中学习,并积累经验。

Question Q 过来给你看捉到的猎物是什么意思?

Answer A 把你当成了小猫?!

　　猫父母会给刚断奶的小猫送去猎物。一开始是完全弄死的猎物,接下来会给半死不活的猎物,以此来教小猫怎么狩猎。之所以将自己捉到的猎物衔过来给你看,可能是因为它又进入家长模式,将你当成了小猫,想给你喂食、教你怎么狩猎。

父母们会把猎物交给幼猫,教会它们猎物的处理方法及吃法。

被这样养大的猫,同样也会给你看捉到的猎物。

Q 为什么喜欢跟着人类上厕所、泡澡?

A 因为觉得是有探险价值的地方，所以想去看看

似乎很多猫会跟主人上厕所或泡澡。有些猫会坐在浴缸旁边一直望着主人，直到洗完为止。也有猫会在门外咯吱咯吱抓门，像是在说"也让我进去嘛"。因为厕所和浴室平时总是关着门的，猫进不去，所以才会想要进去看看。在猫看来，家中还有许多谜一样的、不能完全据为领地的地方。有水在流，又有洗发水这样其他房间没有的味道，这些无一不勾动着猫的好奇心。一般来说，猫是比较讨厌被水浸湿的，但在好奇心占上风的时候，即使被浸湿也在所不惜。

认真观察正在上厕所的主人

主人正在洗澡，猫在浴盆旁边盯着，沾到水也不在意。

Q 为什么喜欢舔我的头和脸？

A 就是要给最喜爱的主人梳理毛发

它就是想把你的毛发捋顺。关系亲密的猫之间会用舌头互舔脸、头等。有些部分自己无法梳理，这也是一种解决办法。而且，还能彼此交换气味。如果猫咪舔你，可以轻轻抚摸它作为回应。

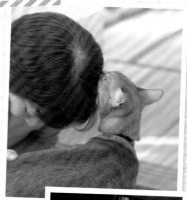

猫咪之间梳理毛发从颈部开始向上！

关系亲密的猫咪彼此梳理毛发时，多是从颈部开始逐步向上的。有些地方自己舔不到，被舔过之后感觉很舒服。

Q 会陪着生病的我睡觉

A 并不是因为担心才陪你睡的哟……

谢谢你，陪着我

因为猫并不知道主人生病了，所以它们其实不是在担心主人，而是觉得主人的样子和平常不太一样罢了。平时这个时间主人不是出门了，就是在忙着做家务什么的，而此刻却一直躺着，猫咪只是觉得"奇怪"而已。因此，它们变得很小心，跑到主人旁边想要安静地看看主人，不知不觉就睡着了，看上去就像是陪着你吧。

突然倾斜身体朝向我

Answer

A **突然想玩打架游戏**

可爱的小猫突然发威，并不是因为讨厌你。幼猫之间打架也不是认真的，只是玩耍而已。猫喜欢这种将对方当作"敌人"或"猎物"的游戏，这也是智力高的证明。

幼猫的幻觉游戏

爱猫朝着什么都没有的墙壁飞扑过去，或者追逐看不见的东西。这就是猫的"幻觉游戏"。看起来什么都没有，其实是一种猫通过想象塑造猎物并捕捉的游戏。幼猫很喜欢这种游戏。

猫拍我一下就逃走

Answer

A **是想同你一起玩耍啦**

猫之间的游戏是由一方向另一方挑逗开始的，也就是用前爪拍打对方。打你一下就逃走，是想让你来追它。主人最好如它所愿去追它，一起尽情玩耍吧。

幼猫在玩耍中了解自己的能力

幼猫在玩耍过程中，逐渐掌握自己能跳多高，能跑多快，还有擅长什么攻击方式等。了解自己的能力，也就是在练习狩猎本领。

Q 相比抱抱，它们貌似更喜欢骑在背上？

 喜欢各种姿势待在主人背上

　　猫之所以会骑在主人的背上或是肩膀上，首先就是因为它们比较喜欢高一点的地方，所以才会使劲儿往更高的地方爬。其次，猫讨厌被抱在前面，有失去自由的感觉，因此才会想着法儿跑到主人的背上去。猫的平衡感特别好，能够很安稳地趴在人身上。之所以在主人睡着时趴到他们的背上去，是因为主人的背真的很暖和，而且近距离感受到主人的气息让它们非常安心。此外，因为在背上，主人就没办法出手了，它们能够不被打扰地安坐在上面。有些猫非常害怕被抱，就是因为感觉被剥夺了自由。让不喜欢被抱的猫习惯被抱着是需要一定时间的。

稳稳当当骑在主人肩膀上的猫。貌似已经习以为常了。再说了，这里景致也好，猫应该是非常中意的。

被主人背着的状态。不想你抱它，但总想贴着你。

待在主人膝上撒娇的猫，喜欢你抚摸它。

被夹在主人两腿之间的猫。紧密贴合让它感觉舒心，这里对猫来说是最舒服的地方。有的猫还会在主人屁股上睡着。

主人的肚子柔软，还能感觉到主人的呼吸。这里是对主人撒娇的最好位置。

兴奋和恍惚 篇

Question Q 为何深夜突然闹腾？

Answer A 是野生时代遗留的习惯

我在跳舞！

突然性情大变一般，又是跑来跑去，又是目光炯炯地扒窗帘……这些都是猫野性本能的表现。猫原本就是夜行性动物，过的是白天睡觉天黑狩猎的生活，现代猫仍旧保留着这个习性。家猫当然不需要再捕捉猎物，也正因为如此才精力过剩，这是自然法则。主人有时间可以用玩具逗它们玩，这样会让猫的情绪更加高涨。如果不能睡那么晚，或是怕给邻居们造成困扰，可以在早些时候和猫玩玩，让它们消耗掉过剩的精力。

Question Q 走着走着为什么会突然扑到你腿上？

Answer A 匆匆晃过的人腿激发了它们的狩猎本能

猫的视线高度能够很清楚地看到正在走路的人的腿。而且人类脚的大小刚好和小猎物的尺寸差不多，所以当那个所谓的"猎物"在它们眼前匆匆晃过时，它们受狩猎本能驱使而不受控地扑过去也是合情合理的。幼猫有时候也会和父母、兄弟姐妹的尾巴嬉戏，那是在知道是对方尾巴的情况下，将其"当作"了猎物的缘故。同样，它们也明白那是主人的腿，只是也将其当成了"猎物"。可以平时多用逗猫棒跟它们玩耍，它们就不会老扑到你腿上去了。

Answer
A

选择安全熟悉的路线
避免危险

猫在家里兴奋地跑来跑去时，可以仔细观察一下，是不是总是按照同样的路线跑？这种情况下，猫即使跑得再快也不会撞倒。因为这些路线它们已经事先调查过，确认安全之后才会畅通无阻地跑来跑去。头脑中已经有"安全路线"，直接跑就行。而且，野猫的前腿足迹和后腿足迹是重合的，前腿确认安全，后腿才会跟上。

猫咪头脑中有自己 地盘的"地图"

猫在陌生环境下很老实，这是因为没有它们的气味，脑袋里也没有"地图"。此时的猫非常谨慎，会一边确认气味、触感，一边调查环境。也就是在绘制"地图"，一旦"地图"完成，就会牢记在脑中。

扑通
扑通

Question
Q 脸埋在我的腋下舔或闻

Answer
A 喜欢这种气味

原本这种反应就是在闻异性猫的信息素、胯下气味时产生的。信息素产生性反应，还有些猫对异性胯下感兴趣。猫咪闻你腋下的气味也是同样道理。据说人类的体味有两万多种，其中或许包含与异性猫的信息素或胯下等相似的气味。

猫咪嗅气味合集！

必须检查鞋子的气味

头塞进运动鞋里的猫。对人来说难以忍受的气味，猫却喜欢得不得了。

喜欢脚的气味

这只小猫正在闻刚刚运动完的脚，看着就臭。

痴醉于棒球手套的气味！

头塞进棒球手套中竟如痴如醉，居然连这种气味都能忍受。

Q 闻到人脱下袜子的气味就会变脸，是嫌弃臭吗？

当然不是，是喜欢闻这种气味！

　　猫在闻某种气味时可能会提起上唇，呈现奇怪的笑容，这是猫闻到信息素的表情。猫的嘴中也有感知气味的器官，闻到气味之后就会出现这种表情，也就是在人类体味中感受到与信息素相似的成分。所以，这并不是讨厌你袜子的臭味。

Q 听到手机铃声就会翻滚或轻轻咬

以为这是幼猫的声音？！

　　为了让人能够清楚分辨，手机铃声大多为较高频率。但是，猫的耳朵比人类敏感，所以对手机铃声的反应更大。而且，手机铃声基本为2500～4000赫兹，正好同幼猫叫声相当。可能是将手机铃声当作幼猫的叫声，母性本能在起作用？如果手机沾上主人的气味（皮脂），猫咪也会对这种气味产生反应，对你撒娇。

人类婴儿声音同猫相似？

　　是不是感觉人类婴儿的声音和猫的叫声很像？实际上人类的声带在喉咙里，但婴儿时期则位于更上方的头部附近。随着婴儿能够立起脖子、开始走路之后，声带也逐渐降低。猫的声带也位于头部附近，喉咙大小及声带柔软度同人类婴儿相似。基于上述理由，两者声音相似。

其他
各种问题
篇

在同一区域的猫会出来露个脸

你见过在夜晚的公园或是停车场，一群野猫聚集到一起的场景吧？什么话也不说，就那么一动不动地伫立着，好像是在用读心术交谈一般，透着一股怪异的气氛。这不寻常的猫聚会到底是出于什么原因，各种说法都有。其中比较有说服力的解释是，一只猫在创建自己的生活领域时不小心和附近的猫发生了领地上的冲突，这些共有领地的成员就会聚集起来"露个脸"。也有说是为了防御外来入侵而加强

地区内合作，或是发情期临近导致聚会时间变长了。颇有意思啊！

乡下猫和城市猫的地盘范围不同

地盘（狩猎范围）的大小同食物丰富程度相关。也就是说，食物充足则不需要很大范围，食物较少就只能扩大范围。自己狩猎生存的乡下野猫的地盘差不多为1000米见方，且猫的密度低。与此相比，人类剩余食物较多的城市野猫的地盘约500米见方，猫的密度高，经常会碰面。

城市猫

城市的野猫通过餐馆的剩饭菜或照顾流浪猫的人提供食物生存。

乡下猫

必须凭借自己的力量狩猎生存，避免与其他猫产生争执。

野猫真辛苦

能够预知家人的归来？

看上去像能未卜先知一般，但实际上是因为它们听觉敏锐

你有没有过这样的经历？当你在家的时候，猫只要朝玄关看，不一会儿就有人回来了。又或者自己回家的时候，猫肯定是在玄关等着。是不是觉得不可思议？为什么它们能知道那个时候你会回来呢？这个匪夷所思的行为的秘密就在于猫敏锐的听力。猫能够发觉人类听不到的脚步声从而提前察觉家人的归来。因为人类什么也听不到，所以看上去才会像是它们能"预知未来"。而且，猫能够准确地区分陌生人的脚步声和家人的脚步声，所以它们才会在陌生人靠近的时候装作什么都不知道，而在家人回来时又能出门迎接。

受到惊吓为什么垂直往上跳？

是猫避开危险的本能

你有没有见过被突如其来的声响吓得垂直跳起来的猫？这其实是猫的本能，在突然遇到危险时第一反应是先往上跳吧，有时候还真能帮它们躲过一劫。或是能够避开某物，或是能令敌人在看到自己上跳的姿势时受到惊吓而停止攻击。其他动物也会在突然受到惊吓时往上跳，因为猫的弹跳能力卓越，才会如此引人注目。此时的跳跃和要跳到某个高处的姿势还是有所不同的。

Q 揉搓坐垫就像是在挖洞

A 我要挖洞

猫想要窝在某处时，就会用前爪挖洞，这是野生猫的本能。

例如，贸然钻进树洞，如果遇到害虫、蛇等就很危险，所以猫咪进去之前会用前爪试探，确认安全。此外，幼猫想要钻进母猫怀抱时，也会用爪子拨弄已经在怀里的兄弟姐妹。如果不这样，自己就会一直待在外面受冻。

抓抓

Q 据说猫咪讨厌水，但我家的猫为什么喜欢泡在温水里？

A 任何事情习惯了就好

猫原本是生活于沙漠的动物，因为不会被水淋湿身体，所以不喜欢水。有些猫对涂抹沐浴液这种行为会非常抗拒。但是，任何事情习惯了就好，如图中所示，从小就习惯洗澡的猫自然乖乖待在水里。

当然，大多数猫会害怕淋浴的水声，将它们放在水盆中洗澡会比较容易。

此外，有些野生猫并不害怕水，它们甚至能在河流中游泳。这些猫是为了适应环境，自己学会游泳的。

右边的猫头上还盖着浴巾，很是享受泡澡的感觉。

闻玩偶鼻子的气味

Answer
A 你是谁?

猫遇到关系亲密的同伴时会相互蹭蹭鼻子。这其实是猫派的寒暄方式,为了确认对方的味道而闻闻对方的口腔。当人伸出手指时,猫会误认为这是对方伸出"猫鼻",它们也会反射性地将鼻子凑过来闻闻味道。

猫用鼻子碰触也是受这种习惯的影响,但还有另外的理由。猫的视力比人差,仅凭视觉无法识别对方,不知道对方是立体还是平面,即便在纸上画一只猫,它也会用鼻子嗅一嗅。靠近之后再触碰,才能确认那并不是真的。因此,猫在靠近玩偶的过程中并不能确认这是活的,所以会先用鼻子凑上去闻一闻。

猫的嗅觉比人类敏锐 20万倍以上

据说,狗的嗅觉敏锐度是人类的100万倍!猫的嗅觉也非常敏锐,是人类的20万倍以上!比起视觉,它们更多用嗅觉去判断各类东西。例如,它们只要闻一下其他猫的尿液或是臭腺的味道就能判断出那只猫是公、是母、是否发情、这味道以前有没有闻过等。

Question Q 幼猫会吸同居狗的奶!

Answer A 我是小猫只要有奶我就吸

没有母猫在身边的幼猫会渴望"吸奶"这种行为。即使没有母猫,甚至没有奶水,它也会这样做。并且,如果其他动物被幼猫吸奶,吸的过程中就会产生刺激,使信息素的平衡改变,从而奇迹般地产生奶水。所以,也有狗妈妈养大小猫,甚至养大老虎幼崽的例子。它们作为母亲角色养育其他动物的幼崽,或者刚好自己的幼崽死去,把别的动物当作自己的幼崽。

狗妈妈!

这只狗成为刚出生不久的幼猫的妈妈。真的把幼猫当成自己的孩子了!

不把自己当作猫?!

动物会同养育自己的种类产生认同感,会认为自己也是同样的动物。也就是说,被狗养育的猫认为自己也是狗,即使看见猫也不认为是同类,只有狗才是自己的同类。当然,这种猫也会学习狗的行为。同样,被主人养大的猫也会认为自己是人类。

我是狗

Q Question 骑在其他猫身上

A Answer 不是关系好吗?

幼猫兄弟姐妹之间喜欢相互重叠睡。长大之后也一样,关系好所以相互贴着更有安全感。当然,被压在下面的猫如果真的感觉很难受,也是会发火的。通常来说,上面的猫比下面的猫更强势。

狗也是一样的

Q Question 屁股贴在地板上走

A Answer 屁股痒

屁股贴着地板走的姿势很搞笑。但不能一笑了之,它可能生病了。拉肚子或有寄生虫等都会导致猫屁股不舒服,因此才会贴在地板上摩擦。位于肛门旁边的臭腺"肛门腺"也会不舒服,肛门腺残留过多分泌物就会产生恶臭,并导致炎症及破裂。此时,主人应及时带猫咪就医。

肛门腺的位置

肛门腺

肛门

从上方看猫屁股的图。肛门附近就是积存分泌物的肛门腺。

甚至会 破裂!

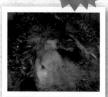

肛门腺破裂之后肛门侧面出现空洞,肉都露出来了。这种病症较多出现。

Question Q 两条腿走路！

Answer A 只是一瞬间两条腿走路

图上是两条腿站立走路的猫。猫也能进化成直立行走的动物吗？很遗憾，那只是一瞬间的动作。猫的身体已经进化到终极状态，四肢行走最适合。实际上，短距离内猫跑得比人快。所以，猫不会进化成同人一样直立行走。

猫加速跑的理由

短距离范围内，猫的奔跑速度能够达到48千米每小时。如果将飞人博尔特的百米成绩换算一下，大约每小时跑37千米。猫之所以能够跑这么快，是因为身体中有很多肌肉，仅凭脚趾就能站立起来。人类达到较快速度时也能只通过脚趾站立，但猫很轻松就能依靠脚趾站立。猫的前爪有五个脚趾，后爪有四个脚趾，后爪的大拇指已经退化。

猫的狩猎习惯是先慢慢靠近猎物，等近在眼前时再快速扑向猎物。所以，它们需要极强的瞬间爆发力。

Answer
复杂的情感弄不懂

人在心情好的时候声音会柔和,行为举止没有紧张感。相反地,生气时会发出模糊不清的声音或刺耳的声音,行为举止也很拘束、紧张。猫咪对这种声音的抑扬顿挫,以及有无紧张感等较为敏感。如果感觉氛围不同寻常,就会焦躁不安。

因此,心情好坏等简单情感,猫能够读懂的,但复杂情感却无法体会。它确实能够感受到你的大致情感变化。这样的结论满意吗?

猫善于观察主人的行为

猫善于观察主人的行为,且会牢牢记住。你打开猫粮它就会跑到你身边,你打哈欠它就会先跑到床旁边。猫能够观察主人的行为,并预判下一步你要做什么,但如果有一天你回来晚了,也会打破猫的规律感。

猫无法读懂人类表情

喜怒哀乐,人类表情很丰富。即使稍微动一下眉毛,人与人之间也能传递情感,但猫却无法读懂。例如你骂它的时候,即使表现出超凶的表情,它也不明白怎么回事。

Q 猫在即将死亡之前会躲起来是真的吗?

A 想要安静度过最后时间

猫在身体状态不好时会躲到安静的地方,等待身体恢复。但是,有些时候无法恢复,只能等待死去。所以,我们看到的就是猫在即将死亡之前会躲起来,其实并不是它们觉得即将死去而躲起来。如果猫躲起来了,主人可要留意了。

Q 每天早上相同时间等待进食。它们也有时间概念吗?

吃饭

A 动物的生理时钟很准的!

大多数野猫的生物钟比人类更加精准。有些迷路的猫会从很远的地方慢慢找到回家的路,这是因为它们能发现记忆中的太阳位置(从家看到的太阳位置)和迷路地点的太阳位置不同,再通过对照两个不同位置找到家的方向。虽说如此,如果很少见到阳光,生物钟也会有所偏差。

此外,周围的信息也是掌握时间的线索。每天早上相同时间来送报纸的摩托车声音,鸟的叫声,依据这些都能帮它掌握时间。每天相同时间吃饭,也就会在相同时间肚子饿。

爱撒娇的猫?!

通过行为判断
猫咪性格

爱猫行为反映各种性格。确认猫的日常行为，判断其性格。不同情景下，可能呈现不同性格的判断结果，其实这也是猫的多变特点。总而言之，可以通过某种倾向逐步发现猫咪的性格。

谨慎派?!

行动派?!

情景 1
如厕之后

A 基本不用猫砂

B 仔细盖上猫砂

C 总在空的位置盖上猫砂

诊断结果

A 是国王型或女王型

不隐藏排泄物就是宣告自己的存在。这是有自信，阳光开朗的性格。它们独立，自尊心也强。

B 是敏感型

仔细掩埋排泄物，甚至达到神经质程度的猫。消除自己的气味，隐藏存在感。小心仔细，属于谨慎派！

C 是天真烂漫型

只盖上没有砂的空位置，天真、呆萌的类型。傻傻的很可爱，容易让主人喜欢。

情景 2
吃饭时

A 一下全部吃掉

B 分几次慢慢吃掉

C 不喜欢就不吃

情景 3
主人回家时

A 看一眼就走开了

B 肯定会在门口等着

C 理都不理

诊断结果

A 是敏感型

心事多，会想着东西被别的猫吃掉，或者现在不吃就吃不到了。或许之前有流浪猫的经验。

B 是最像猫的类型

野生时期的猫就是将食物分几次慢慢吃的。这种类型的猫具备野生特性，保留了原始猫的基因。

C 是国王型或女王型

按自己准则行事的猫。认为只要不吃，就会获得其他食物。是不是有点欺负主人的倾向？！

诊断结果

A 是最像猫的类型

地盘意识强，会到门口观察，但并不是对主人撒娇。不会黏着主人，最接近猫的本性。

B 是撒娇型

特别喜欢主人，像幼猫一样撒娇，还会同主人交换气味。

C 是天真烂漫型

对外界不敏感，性格开朗的猫。地盘意识淡薄，安心于现在的生活，特别适合作为宠物的性格。

情景 4
取出玩具时

A 心情好才陪你玩

B 什么时候都陪你玩

C 盯着你，但一动不动

诊断结果

A 是最像猫的类型

想玩才玩，不想玩就不玩，这就是猫的真实性格。如果你想同它玩耍，还得先看它的心情。

B 是撒娇型

是玩具都想玩！保留了幼猫天真的个性，喜欢玩喜欢缠着主人。眼睛发光，没错，就是想玩。

C 是敏感型

仔细观察猎物之后才会出手的谨慎性格。并不是不想同你玩，而是警戒心稍强。

情景 5
有较大声音时

A 脑袋看过来但依然保持卧姿

B 亲自确认声音

C 逃避或躲藏

诊断结果

A 是国王型或女王型

昂着头看过来，但并不为声音所动的自信性格。即使面对危险，也丝毫不害怕。

B 是最像猫的类型

好奇心强，在自己地盘内发生的事情必须确认清楚。活泼，属于行动派，会积极探索自己感兴趣的事情。

C 是敏感型

表现出不适应，对较大声音感到害怕。非常胆小，不喜欢变化。

情景 6
陌生人来到家里时

A 不怎么在意

B 会闻对方气味

C 逃避不出现

情景 7
睡觉时

A 与主人同一时间睡

B 主人睡着时仍然醒着，但有时醒来也会发现它睡在身边

C 不与主人一起睡

诊断结果

A 是天真烂漫型

无论家里有没有陌生人，一如既往地保持活泼，对谁都一个态度。

B 是最像猫的类型

会闻一闻陌生人的气味，确认有没有侵略性，甚至还会让对方沾上自己的气味。有的甚至讨厌陌生人。

C 是敏感型

陌生人等于可怕的人。不适应变化，小心谨慎的猫。会藏在隐蔽位置，等待陌生人离开。

诊断结果

A 是撒娇型

喜欢黏着主人，保留了幼猫的天真个性。同主人一起吃一起睡，甚至会在同一时间睡着。

B 是国王型或女王型

睡觉时间及吃饭地点不配合主人，完全由自己决定。如果为了取暖，也会窝在主人旁边睡。

C 是最像猫的类型

猫原本就是独居动物，野猫成年后会单独睡。不依赖主人，偏独立的猫。

图书在版编目（CIP）数据

猫语大辞典：新修版 /（日）今泉忠明编；小岩井，
普磊译. -- 北京：北京联合出版公司，2024.1
ISBN 978-7-5596-7062-5

Ⅰ.①猫… Ⅱ.①今… ②小… ③普… Ⅲ.①猫—驯
养—词典 Ⅳ.①S829.3-61

中国国家版本馆CIP数据核字(2023)第117857号

Ketteiban Nekogo Daijiten
©Gakken
First published in Japan 2012 by Gakken Publishing Co., Ltd., Tokyo
Chinese Simplified Character rights arranged with Gakken Plus Co., Ltd.
through Future View Technology Ltd.

本书中文简体权归属于银杏树下（上海）图书有限责任公司

北京市版权局著作权合同登记 图字：01-2023-3582 号

猫语大辞典 新修版

编　　者：［日］今泉忠明
译　　者：小岩井　普磊
出 品 人：赵红仕
选题策划：后浪出版公司
出版统筹：吴兴元
编辑统筹：王　頔
特约编辑：李志丹
责任编辑：刘　恒
封面设计：柒拾叁号工作室
营销推广：ONEBOOK
装帧制造：墨白空间

北京联合出版公司出版
（北京市西城区德外大街 83 号楼 9 层 100088）
雅迪云印（天津）科技有限公司印刷　新华书店经销
字数 94 千字　889 毫米 ×1194 毫米　1/32　5 印张
2024 年 1 月第 1 版　2024 年 1 月第 1 次印刷
ISBN 978-7-5596-7062-5
定价：49.80 元